吉林市科技发展计划资助项目(20166008)
东北电力大学博士科研启动基金(BSJXM-201519)

边坡稳定性极限曲线法

方宏伟　著

科学出版社
北　京

内 容 简 介

本书主要介绍作者提出的基于滑移线场理论的极限曲线法,该法可看作求有重边坡极限荷载的逆过程,是强度折减法的对偶过程,相对于已有方法,该法最大的优势是不必假设和搜索求解临界滑裂面,而且以边坡坡面变形特征为失稳变形破坏标准,物理意义明确。全书共分六章,主要包括以下内容:传统安全系数法的介绍与滑移线场理论简介,极限曲线法理论简介和分类,算法正确性和变形破坏准则的证明及影响因素敏感性分析,算例与样本的计算,在露天矿边坡工程中的应用,成层土质边坡算例的计算等,同时指出以后的研究要点。

本书主要供边坡稳定性分析研究领域的专家学者使用,也可作为高等院校和科研部门相关研究人员的参考用书。

图书在版编目(CIP)数据

边坡稳定性极限曲线法 / 方宏伟著. —北京:科学出版社,2017.4
ISBN 978-7-03-052118-7

Ⅰ.①边… Ⅱ.①方… Ⅲ.①边坡稳定性-极限-曲线-研究
Ⅳ.①TV698.2 ②O123.3

中国版本图书馆 CIP 数据核字(2017)第 050385 号

责任编辑:孙伯元 周 炜 / 责任校对:桂伟利
责任印制:张 伟 / 封面设计:熙 望

科学出版社 出版
北京东黄城根北街 16 号
邮政编码:100717
http://www.sciencep.com
北京教图印刷有限公司 印刷
科学出版社发行 各地新华书店经销

*

2017 年 4 月第 一 版 开本:720×1000 B5
2017 年 4 月第一次印刷 印张:10
字数:189 000
定价:80.00 元
(如有印装质量问题,我社负责调换)

前　　言

　　边坡工程是岩土工程的重要研究课题之一,相关文献和书籍很多,其中最重要的内容当属稳定性分析,包括安全系数的计算和临界滑裂面的搜索,其相关计算方法较多,但是还没有一种方法能够彻底解决问题,每种方法都有不足之处,或是理论基础不完善,或是与工程实践存在差距,这些不足为新方法的研究提供了空间。

　　本书以滑移线场理论为基础提出了极限曲线法,基本原理是应用滑移线场理论计算得到的极限平衡状态下的边坡坡面曲线(简称极限坡面曲线)与边坡坡面线的相对位置关系判断边坡稳定性。计算均质边坡极限坡面曲线主要方法有Sokolovskii 研究得出的特征线法和 Cehkob 根据试验得到的极限坡面曲线方程,这里取相关研究学者的姓氏开头字母作为方法分类命名的依据,即分为 S 曲线法和 C 曲线法,对于后者,由于是从均质土体得出的试验公式,因此只适用于均质边坡。对于非均质边坡,依据将土层分界面看成一种特殊应力间断面的观点,进行了折射判断条件和相关公式的研究,目前仅限于成层土质边坡。极限曲线法相对于已有方法的最大优点是不必假设和搜索临界滑裂面而直接评价边坡稳定性,而且以边坡坡面变形量为失稳变形破坏准则,具有量化的数值,避免了失稳判据中的人为因素,而且物理意义明确。

　　S 曲线法是以有限差分法为工具的,该算法稳定性在作者的论文"均质边坡稳定性极限曲线法"已做了相关研究,本书不再叙述。S 曲线法可以看作求有重边坡极限荷载的逆过程,由于无重边坡可以看作特殊的有重边坡,因此对无容重边坡求极限荷载的逆过程也成立。滑移线场理论的极限荷载公式是通过理论推导的,对无容重边坡在施加该极限荷载后,S 曲线法计算的极限坡面曲线和边坡坡面线应该相重合,通过这一点可验证该算法程序的正确性。强度折减法基本原理是边坡体几何形状不变,对强度参数黏聚力 c 和摩擦角 φ 折减使边坡达到极限平衡状态,但该算法的失稳判据存在争议,而 S 曲线法和 C 曲线法可以看作强度折减法的对偶过程,即强度参数不变,边坡坡面几何形状改变使边坡达到极限平衡状态,此为极限曲线法的核心内容:变形破坏准则,该准则为极限曲线法的失稳判据。以该准则为基础定义两个稳定性评价指标:安全度和破坏度。因此,变形破坏准则正确性的证明是研究的重点,论文"均质边坡稳定性极限曲线法"中选用边坡坡度分级数据的算例进行证明,本书选用新的文献数据,相对于论文,本书将边坡坡度分级计算数据进一步细化,通过计算安全度和破坏度并与安全系数对比,更深入地证明了变形破坏准则的正确性。土质边坡稳定性影响因素主要有容重 γ、黏聚力 c、摩擦

角 φ、坡度 α、坡高 H 等,每个因素量值变化对边坡稳定性影响的敏感性已有确定的研究成果,反映了安全系数法中各因素对边坡稳定性影响程度的客观规律。采用同样参数,通过极限曲线法计算分析,各因素对 S 曲线法和 C 曲线法计算结果敏感性与安全系数法完全相同,这也证明了本书的极限曲线法同样反映了各因素影响边坡稳定性程度的客观规律。对标准均质边坡算例的计算结果表明,S 曲线法和 C 曲线法与安全系数法的评价结论一致。应力状态法是分析边坡稳定性的一种解析解算法,本书选取相关文献的 4 个实例进行计算。目前工程中应用最广的是条分法,研究最多的是有限元法,对前者本书选取 4 个实例计算分析,对后者选取 5 个实例。选用了学术文献中有实践结果的 22 个工程样本进行了正确率的分析,计算分析可知,S 曲线法和 C 曲线法及安全系数法的样本正确率一致,说明该法对均质边坡稳定性计算结果可靠,另一方面也说明影响边坡稳定性的因素很多,不局限于本法的 5 个,要判断边坡的稳定性需考虑更多因素。在上述"均质边坡稳定性极限曲线法"中,已将极限曲线法应用于露天矿边坡工程实践中,对坡角敏感性以及边坡稳定性进行了分析,使极限稳定状态下的坡角提高了 $1°\sim2°$。本书中,对极限曲线法在该工程实践中的验算进行了更详细的介绍。

在论文"成层土质边坡稳定性极限曲线法"中,作者选用了 7 个成层土质边坡实例进行了计算分析,与目前已有方法评价结论相一致。本书再选用 7 个实例进行了计算,除一个实例计算结果偏大外,其余也与已有方法评价结论相一致。摩擦角 $\varphi=0$ 的情形,滑移线场理论已有相关的理论分析和公式介绍,但本书没有编入程序。对黏聚力 $c=0$ 的情形,S 曲线法和 C 曲线法尚需进一步研究。相关 MATLAB 程序可见本书附录,其中成层土质边坡极限曲线法计算程序主体部分由辽宁省交通高等专科学校道桥系赵丽军博士编写。本书的极限曲线法在非均质边坡稳定性分析中的应用还需进一步研究,包括有限差分的收敛性,而非均质特征线差分方程组正确性尚需试验的进一步验证。目前,极限曲线法可以分析边坡的稳定性,下一步研究工作的重点是如何结合强度折减法确定临界滑裂面。

本书滑移线场理论内容引用了相关文献和著作的观点,相关算例和样本数据也来源于已公开发表的文献和著作,索引文献和著作条目都已经在书中按顺序标注,并列于书尾的参考文献中,这里对相关专家和学者表示感谢。书中难免有不足之处,希望广大读者批评指正。

目　　录

本书主要符号

σ_x——x 轴正应力

σ_y——y 轴正应力

τ_{xy}——剪应力

X——体积力在 x 轴上的分量

Y——体积力在 y 轴上的分量

σ_1——最大主应力

σ_3——最小主应力

θ——最大主应力 σ_1 与 x 轴夹角

μ——滑移线与与最大主应力 σ_1 夹角

γ——容重

c——黏聚力

φ——内摩擦角

α——坡角

α_0——极限坡角

x_{11}——$F_1(x)$ 与 x 轴的交点

x_{22}——坡顶横坐标

x_1——$F_1(x,y)$ 与 $F_0(x,y)$ 交点横坐标

Δx——主动区边界步长

f_6——有限元法

f_7——强度折减法的失稳判据

ν——泊松比

y_{min}——$F_1(x,y)$ 纵坐标最小值

σ_n——坡面法向正应力

σ_t——坡面切向正应力

τ_{nt}——坡面剪应力

P_0——极限荷载

P_1——与 P_0 相差 $c\cot\varphi$

P_{min}——极限荷载最小值

S_1——坡面线与极限坡面曲线之间面积

S_2——坡面线与正 x 轴之间面积

S_3——极限坡面曲线与正 x 轴之间面积

DOS——安全度

DOF——破坏度

$F_0(x,y)$——坡面线过原点一次函数

$F_1(x,y)$——极限坡面曲线拟合二次函数

H——坡高

σ——特征应力

P——坡顶荷载

SCM——S 曲线法

CCM——C 曲线法

N_1——对 SCM 为主动区边界剖分数

——对 CCM 为坡高剖分数

N_2——过渡区坡角剖分

FOS——安全系数

E——弹性模量

A——第一族滑裂线上的点

B——第二族滑裂线上的点

A_1——第一族滑裂线上 f_1 与 f_2 的交点

B_1——第二族滑裂线上 f_1 与 f_2 交点

A_2——第一族滑裂线上折射点

B_2——第二族滑裂线上折射点

C——A 与 B 计算得的第三点

C_1——A_2 与 B_2 计算得到的第三点

CSS——滑裂面

K——强度折减系数

f_1——SCM 和 CCM 算法

——分界面函数

f_2——计算 DOS/DOF 方法

——滑移线线段近似直线函数

f_3——搜索滑裂面的方法

f_4——求解安全系数的方法

f_5——确定全局最小安全系数的方法

第 1 章　边坡稳定性研究的内容

边坡稳定性分析方法包括定性和定量两个分类[1],定性方法主要有自然成因历史分析、图解、分析数据库、专家系统、工程类比等;定量方法可以分为非确定性和确定性两种,前者主要包括灰色系统评价、可靠度分析、模糊综合评价、聚类分析、人工神经网络、遗传算法、复合法等,后者主要包括极限平衡法、滑移线场法、极限分析法、数值分析法、现场监测等,相关的研究论文与著作很多,本书的研究内容属于确定性方法,因此这里只选择与本书内容相关的文献进行综合论述。

1.1　安全系数的定义与计算方法

边坡稳定性确定性分析方法的评价指标一般为安全系数,其定义与计算方法是紧密相关的,即不同计算方法对应不同的安全系数定义。如文献[2]定义安全系数为结构所具有的极限承载力与所需要的承载力之比,并认为土坡稳定性分析所给出的安全系数即按此定义。文献[3]对边坡工程中安全系数的定义进行了系统总结和详细分析论述,认为边坡工程不同于结构工程,增大荷载并不一定能充分体现增大安全系数,指出采用的安全系数主要有三种:一是基于强度储备的安全系数,即通过降低岩土体强度体现安全系数;二是超载储备安全系数,即通过增大荷载体现安全系数;三是下滑力超载储备安全系数,即通过增大下滑力而不增大抗滑力计算滑坡推力设计值。通过不同理论方法计算检验,结论是一般情况下采用目前国际上使用的强度储备安全系数是较合理的,特殊情况下,采用超载储备安全系数更能符合设计情况。文献[4]归纳了四种安全系数定义:沿整个滑面的抗剪强度与实际产生的剪应力(或与保持平衡所需要的抗剪强度)之比;强度调整系数(强度折减系数);下滑力调整系数(下滑力超载储备系数);超载系数(超载储备系数)。通过理论分析认为滑面抗剪强度与剪应力之比就是强度参数调整系数,对考虑条间力的非平面滑动,边坡与滑坡稳定系数定义只能是强度参量调整系数,这里的调整系数只是建立平衡方程的需要,并不表示边坡稳定性变化过程中该因子变大或变小。文献[5]指出最常用的两种边坡稳定性分析方法分别是基于超载安全系数和基于强度储备安全系数,前者概念不明确,后者与岩土体的实际强度特性有较大差别,这两类安全系数定义的物理或力学意义受到一些学者的质疑,基于安全系数原始定义给出了经典的安全系数定义:潜在滑动面所能提供的极限抗滑力的"总和"与作用在潜在滑动面上滑动力的"总和"之比。文献[6]总结了安全系数的七种定义,分析了适用于有限元计算的定义与公式。文献[7]对此进行了深入的研究,认为二维有限元分析主要是强度储备和超载两种定义,并以此为依据确定临界滑裂面,结论是后者偏于不安全,推荐前者为设计和稳定性评价的标准,文献[8]对该文的观点进行了讨论,认为应用强度储备概念确定临界滑裂面时,只需将单元体的强度参数折减到 Mohr-Coulomb 准则与莫尔应力圆相切时即可,这与极限平衡理论体系是一致的,且不需要解决初始值问题。

综合以上文献可知,安全系数的定义有多种,学者之间有不同的认识,同时新定义和新方法也在不断涌现,如文献[9]以损伤力学为基础,提出了安全系数可以定义为极限损伤变量与在使用阶段所容许的最大损伤变量的比值。不过,目前应用和研究最广泛的依然是条分法和有限元法。

条分法的研究和应用已有八十多年的历史,是建立在安全系数定义、Mohr-Coulomb 破坏准则和静力平衡条件基础上的,根据条间力作用点与方向的不同假设,以及平衡条件的不同,条分法可以分化出不同的计算方法。近十年以来的研究方向主要是对已有方法和公式的改进和统一。文献[10]基于原有方法的基本假设,对 Morgenstern-Price 法、严格 Janbu 法与 Sarma 法进行了实质性的改进,重新推导出更为简洁实用的安全系数计算公式,方便工程实践应用;文献[11]推导出二维边坡稳定分析的统一计算公式;文献[12]将目前已有的条分法纳入统一计算格式;文献[13]根据极限平衡条分法所满足的平衡条件,将已有条分法进行分类,通过 Newton-Raphson 法建立了传统意义上基于严格平衡的安全系数统一求解格式。不过文献[14]认为 Morgenstern-Price 法以后,在条分法的计算理论方面进行更多的研究工作不会深化对这一领域的认识。文献[15]实现了条分法的另一个途径,即利用 Green 公式将有关域积分转化为边界积分,提出了边坡稳定性分析的无条分法。文献[16]认为不同时代学者对条分法进行修缮的研究和发展思路依然是假定滑动面、细分土条、试算等,其派生出来的各类计算方法对于同一边坡工程稳定性分析不仅计算工作量大,并且结果差异也是工程实际难以接受的,为此提出了应力状态解析解算法。文献[17]也认为在条分法的框架下有新的发展已经很难,并提出了基于圆弧滑动面的有限元应力变形计算的边坡稳定分析方法,本质上是基于滑面应力分析有限元方法[18],该法为有限元法应用于边坡稳定性分析的两种方法之一,另一种为有限元强度折减法。基于滑面应力分析有限元方法的计算过程如下[19]:首先应用有限元求得边坡应力场,对给定滑面上点所在的单元内进行插值,求得应力后计算安全系数,并搜索全局最小安全系数,该类方法的实质是研究如何对一个无显式表达式的变量寻找最小值,该法研究重点是临界滑裂面形状的确定和求解最小安全系数的最优化方法,这也是上述条分法的研究要点。有限元法强度折减法[20]基本原理是首先确定一个破坏标准,即边坡失稳判据,将土体强度参数黏聚力 c 和摩擦角正比值 $\tan\varphi$ 同时除以一个安全系数,将得到的新土体

参数 c_1 和 $\tan\varphi_1$ 代入程序后进行试算,重复以上过程直到土体达到设定的破坏标准为止,此时将自动获得临界滑裂面。该方法不需要人为假设临界滑裂面,这是相对于其他计算方法的独有优势,这使其成为近年来的研究热点,文献[21]~[23]对该方法进行了深入的研究和讨论。但总体来说,有限元法还不能取代极限平衡法,尤其是失稳判据的定量比是个难题,文献[24]对相关方法进行了总结,认为应考虑抗拉强度指标与抗剪强度指标同等地减少,对于失稳判据的认识还存在比较激烈的争议。当然,强度折减法这一理论不仅仅局限于有限元分析,也有学者将其应用于有限差分法[25]。除此以外,边坡稳定性分析尚有很多方法,这里作简要介绍。

从力学的角度来说,极限平衡法计算结果并不是边坡稳定分析的精确解,可以采用基于塑性极限理论的极限分析上下限定理来限定边坡稳定性问题精确解的范围,该法建立在材料为理想刚塑性体、微小变形和材料遵守相关联流动法则基础上,一般采用临界坡高和破坏荷载来表示边坡稳定性的解[26],文献[27]研究认为极限分析法上下限解可验证条分法的计算结果,下限解可直接应用于边坡工程实践,但文献[28]结论与之不同,即由于下限法很难找到合适的静力许可的应力分布,故多数情况下实际应用是上限法,首要任务是选取合适的机动场,很多机动场是在滑移线场理论基础上结合经验确定的,该理论即是本书极限曲线法的理论基础,在第 2 章将作进一步详细理论公式介绍。滑移线场理论[29]是根据平衡方程、屈服条件和应力边界条件求解塑性区的应力、位移速度的分布,最后求出极限荷载或安全系数理论,该理论的缺点主要是没有考虑土体应力应变关系,且大部分问题只能用差分法求解,要针对具体问题编制相应程序。目前极限分析法和滑移线场理论在边坡工程中的研究趋势是与其他方法相结合,解决更复杂的问题[28]。文献[30]以力是矢量为出发点,将潜在滑动面所能提供的极限抗滑力的"总和"与作用在潜在滑动面上滑动力的"总和"之比定义为抗滑稳定安全系数,提出了矢量和分析法,文献[31]、[32]对该法进行了讨论和回复,总体来说该法还有进一步的研究空间。数值分析方法是今后边坡稳定性分析的发展趋势,文献[33]研究了边界元法在岩质边坡稳定性分析中的应用,文献[34]以有限差分为基础,以增大水平加速度为条件,提出了坡向离心法,文献[35]提出了基于流形方法和图论算法岩或土质边坡稳定性分析新方法,以上方法都需要假设或确定临界滑裂面。当然,除了本书论述的安全系数定义和计算方法以外,还有其他定义和方法,这里限于篇幅不再论述。

1.2　临界滑裂面的确定方法

边坡稳定性分析方法都需要人为假定或采用各种方法确定临界滑裂面,也就是在众多安全系数对应的滑裂面中,找出最小安全系数对应的临界滑裂面,这是评价边坡稳定性的核心步骤[36]。同时,安全系数可以写成关于临界滑裂面的函数,求最小安全系数即为求该函数的最小值,该函数具有非凸性和多极值性,前者阻碍了常规数学方法的使用,后者使搜索方法容易陷入局部最小值[37]。

目前临界滑裂面搜索方法大致可以分为五类[38]:一是变分法,数学上较为复杂,应用有限,但对其他方法有指导意义;二是固定模式法,包括区格搜索法、模式搜索法、二分法、单形体法等,普遍存在搜索范围广、计算量大、不收敛、容易陷入局部最小值等缺点;三是数学规划法,主要是借鉴变分法的思路,包括线性或非线性规划法和动态规划法[39,40],其中前者有单纯形法、共轭梯度法、复形法,主要问题是技术复杂,容易陷入局部最小值,后者主要问题是不能确定局部最小值,且存在路径"迟到或早退"现象;四是随机搜索法,该法计算量大;五是人工智能法,主要包括遗传算法和蚂蚁算法等,该法初步取得了较好的效果。除以上方法外,近年来发展了其他一些方法,如基于强度折减的最大剪应变率法[41];基于变模量弹塑性强度折减法可获得更符合实际的变形场,利用位移梯度和滑动区节点速度非常大的特性及发生位移突变的点来确定最不利滑动面的方法[42];基于强度折减的塑性应变法[43];基于整体稳定性分析法的非线性优化模型[44];另外,还有根据滑裂面与强度指标 c 和 φ 的关系绘制的图表法[45]。

文献[46]提出了条分法和最优化相结合的临界滑动场法,认为边坡的安全系数与滑裂面函数不存在连续的泛函关系,任何优化方法都不可能得出理论上的临界滑裂面解,边坡最小安全系数是边坡体固有的,它不依赖于临界滑动面而存在,而临界滑动面才真正是依附最小安全系数的"副产品",可以直接求出边坡的最小安全系数。该文思路对本书的研究方法具有启发意义,即不求临界滑裂面而直接依据新定义的变形破坏准则判断边坡稳定性。

1.3　本书研究内容

滑移线场理论是本书极限曲线法的理论基础,是塑性力学中最具特色和最完善的一部分,在金属材料力学中有着广泛的应用[47],然而该理论的研究却是从1773 年 Coulomb 提出土体破坏条件开始的[48],实际上,第二节所述的条分法只是极限平衡法基于 Coulomb 思路的一个分支,另一个就是基于 Rankine 思路的滑移线法(或称特征线法)。针对该理论没有考虑本构关系的缺点,文献[49]建立了基于非均质非线性各向异性岩石破坏准则的滑移线场理论,并应用于断层力学规律的定量分析。文献[50]应用建立在考虑中主应力的统一强度理论下的滑移线场理论求得了典型边坡极限荷载公式,这也是滑移线场理论在边坡稳定性分析中的主要用途[51]。近年来已有学者认为滑移线具有更重要的意义,研究了应用滑移线场理论并基于有限元应力场的临界滑裂面确定方法[52,53],同时文献[54]对滑移线场理论本身进行了拓展,提出了潜在滑移线场概念。

实际上,滑移线场理论在边坡稳定性分析中还有一个用途,就是可以求得边坡极限平衡状态下的坡面曲线(本书简称极限坡面曲线)。文献[55]指出,根据松散介质静力学中的滑移线场理论计算出的边坡极限稳定状态下的坡面线为凹形,即具有上陡下缓的外形,在矿山工程中,相同条件下比直线形边坡要挖出更多的岩石,故在实践中很少采用,然而文献[56]通过静力有限元分析充分论证了高堆石坝的合理边坡形状是一上陡下缓的非线性函数曲面,文献[57]也认为滑移线场理论对土坝和土石坝合理边坡设计与研究具有启发意义。

本书作者在应用滑移线场理论分析边坡稳定性时,发现了边坡坡面线与极限坡面曲线的相对位置关系可用来判断边坡稳定性这一客观规律,表现为当安全系数 $F<1$ 时,即边坡破坏时,边坡坡面线与极限坡面曲线相交;反之当 $F>1$ 时,即边坡稳定时,边坡坡面线与极限坡面曲线相离,以此为边坡失稳判据并定义为失稳变形破坏准则,提出了边坡稳定性极限曲线法,该法目前只适用于均质边坡和成层土质边坡,其详细概念与定义将在第 3 章予以介绍和说明。

第 2 章　土体滑移线场理论简介

为了使本书能够自成体系,让读者在不阅读文献情况下方便了解本书的极限曲线法,本章将系统介绍滑移线场理论,并对相关公式及边界条件作简要介绍,并说明了该理论解法的一般步骤,阐述了具体应用过程,章尾介绍了由试验得出的极限坡面曲线公式近似方程。本章内容主要引于文献[58]～[62]。

2.1　滑移线场理论与计算公式

2.1.1　土体塑性理论与强度条件

塑性力学理论主要研究土体在外荷载作用下达到极限平衡状态或塑性平衡状态时的应力分布场与塑性应变速度分布场,借以计算土体在已知边界条件下的极限荷载,在计算过程中要对具体问题作一定的假设,例如对滑裂面形状和位置的假设等。可以把岩土介质简化为理想弹塑性材料,在不变的荷载作用下变形可继续增长,称为理想弹塑性体的极限状态。极限状态下的荷载,称为塑性极限荷载。采用塑性理论方法的前提是认为应力超过某个点之后,土体进入或开始发生剪切滑动。实际计算中,如何确定该点位置是个比较复杂而重要的问题。

自 1903 年 Kotter 首先建立了塑性平衡滑移线方程以来,人们沿着该方向不断探求散体极限平衡课题的严密数学解。Prandtl 首先求得了该方程在无重量条形地基极限平衡课题中的封闭解,但是由于散体或土体的复杂性和实际边界条件的多变性,除极少数实际课题外,很难求得严密数学解。该学派的理论方法,一般称为滑移线法或特征线法。苏联学者 Sokolovskii 首先成功地应用特征线数值解取得一系列散体极限平衡实际课题的解,Bepezaueb 等又相继发展了这方面的理论。Cehkob 根据 Sokolovskii 的理论进行了极限稳定状态边坡的试验,得出了均质土体只考虑自重时的极限坡面曲线方程。在散体极限平衡理论与土力学的发展过程中,曾先后出现过各种散体极限平衡课题的近似计算方法,例如 Terzaghi 等提出的稳定性计算方法。这类方法采用散体极限平衡理论的某些已有成果,假定土体达到极限平衡状态时的滑动区形状与范围,按静力平衡原则找出与最危险滑动情况相应的极限荷载。

在研究土体极限平衡状态课题时,土的强度准则是个重要影响因素。土体中任一点达到极限平衡状态的强度条件有不同的表达方式,按 Coulomb 强度条件表示时：

$$\tau_f = \sigma_n \tan\varphi + c \tag{2-1}$$

式中，τ_f 为该点土的抗剪强度；σ_n 为剪切面上的法向作用应力；φ 为内摩擦角；c 为土的黏聚力。

按 Mohr-Coulomb 强度条件表示时：

$$\frac{\frac{1}{2}(\sigma_1 - \sigma_3)}{\frac{1}{2}(\sigma_1 + \sigma_3) + c\cot\varphi} = \sin\varphi \tag{2-2}$$

式中，σ_1 和 σ_3 分别为某点处于极限平衡状态时所受的最大和最小主应力。

已有研究指出，在与剪切特性直接有关的土体稳定性研究中，剪破以前的应力应变特性更具有实际意义，实际上土坡由稳定状态到剪破状态或滑动破坏是土坡应力应变状态发展的结果。开始时，稳定状态土坡的变形可能以压缩变形为主，而后则逐渐发展为以剪切变形为主，最后导致土坡的滑动破坏。因此，合理的稳定性表示方法应该是按照土坡的变形发展过程定量地估计其稳定程度[60]，例如可假设几种高度相同而坡角不同的土坡断面，根据不同断面土坡的不同应力状态，计算出土坡变形情况，判断出土坡达到破坏状态时的变形，以破坏状态时坡角与实际设计采用的坡角比值作为实际土坡的稳定性安全系数，此时的安全系数与土坡变形发展情况相联系，在概念上更为合理明确。当然，联系土坡的变形发展状况还可能采用其他形式表达土坡的安全程度，即将土体稳定性问题作为变形发展问题来处理，根据不同应力状态下变形发展情况，来估定土体稳定性与安全程度。本书建立的极限曲线法即是按此思路根据边坡坡面变形量来确定边坡稳定性。

2.1.2　土体滑移线场理论极限平衡方程组

本节主要讲述散体极限平衡状态下平面课题方程组的推导，如果边坡体沿轴向（取 z 轴方向）没有变形，而在垂直于截面均有形变，位移不随坐标 z 的变化而变化，表达式为

$$u = u(x, y), \quad v = v(x, y), \quad w = 0 \tag{2-3}$$

式中，u 为 x 轴方向位移；v 为 y 轴方向位移；w 为 z 轴方向位移。

这种特殊的空间问题，称为平面变形问题，微分体应力平衡方程组可按图 2.1 所示应力情况根据静力平衡条件写出。

$$\begin{cases} \dfrac{\partial \sigma_x}{\partial x} + \dfrac{\partial \tau_x}{\partial y} = X \\[2mm] \dfrac{\partial \sigma_y}{\partial y} + \dfrac{\partial \tau_y}{\partial x} = Y \end{cases} \tag{2-4}$$

式中，σ_x、σ_y 为 x、y 轴向的正应力，kPa；τ_x、τ_y 为 x、y 轴向的剪应力，kPa；X、Y 为

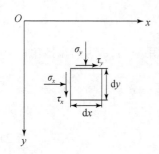

图 2.1　微分土体应力图

土体体积力在 x、y 轴向上的分量,当土体只有重力作用时,$X=0$,$Y=\gamma$(γ 为土体容重,kN/m^3)。在平衡方程组中,含有三个未知量 σ_x、σ_y、τ_{xy}($=\tau_{yx}$),需要三个有关方程才能求解,所缺的第三个方程采用强度条件来补足。

土力学已经证明:根据 Mohr-Coulomb 破坏准则,通过土体中任一点 M 有两条滑动线 I 与 II,且两线与大主应力 σ_1 的作用线方向夹角均为 $\mu=\dfrac{\pi}{4}-\dfrac{\varphi}{2}$,与小主应力 σ_3 的作用线方向夹角分别为 $\dfrac{\pi}{2}+\mu$ 和 $\dfrac{\pi}{2}-\mu$,φ 为内摩擦角,如图 2.2 所示。由工程力学中的莫尔应力圆可得 M 点 σ_x、σ_y 与 σ_1、σ_3 的关系:

$$\left.\begin{array}{c}\sigma_x\\\sigma_y\end{array}\right\}=\frac{1}{2}(\sigma_1+\sigma_3)\pm\frac{1}{2}(\sigma_1-\sigma_3)\cos2\theta \tag{2-5}$$

$$\tau_x=\tau_y=\frac{1}{2}(\sigma_1-\sigma_3)\sin2\theta \tag{2-6}$$

式中,θ 为大主应力 σ_1 与 x 轴的夹角,与所研究点的应力状态有关,计算中规定:θ 沿 x 轴逆时针转动为正,反之为负。

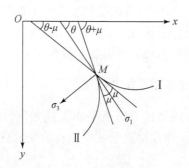

图 2.2　滑移线与大主应力夹角示意图

根据 Mohr-Coulomb 破坏准则,在极限平衡状态时,由 σ_1、σ_3 确定的应力圆与土体的强度包线相切,表达式(2-2)可改写为

$$\frac{\frac{1}{2}(\sigma_1-\sigma_3)}{\sin\varphi}=\frac{1}{2}(\sigma_1+\sigma_3)+c\cot\varphi \tag{2-7}$$

令 $\dfrac{1}{2}(\sigma_1+\sigma_3)+c\cot\varphi=\sigma$,称特征应力,是与散体中一点的应力状态($\sigma_1$、$\sigma_3$)或($\sigma_x$、$\sigma_y$、$\tau_x$($=\tau_y$))及强度参数 c、φ 有关的计算应力,引用该参数主要是为了便于方程组

(2-4)的求解,表达式(2-7)可改写为

$$\sigma_1 - \sigma_3 = 2\sigma\sin\varphi \tag{2-8}$$

$$\sigma_1 + \sigma_3 = 2(\sigma - c\cot\varphi) \tag{2-9}$$

将上式代入式(2-5)、式(2-6)可得

$$\left.\begin{matrix}\sigma_x \\ \sigma_y\end{matrix}\right\} = \sigma(1 \pm \sin\varphi\cos2\theta) - c\cot\varphi \tag{2-10}$$

$$\tau_x = \tau_y = \sigma\sin\varphi\sin2\theta \tag{2-11}$$

显然,式(2-10)、式(2-11)是以应力 σ_x、σ_y、τ_x 及特征应力 σ 表示的极限平衡方程组。从以上公式可知,特征应力 σ 与角 θ 均为与研究点应力状态有关的函数。按应力分布理论,散体中各点的应力状态是连续变化的。因而,与各点应力状态有关的两个函数 σ 与 θ 也均为坐标的连续函数,即 $\sigma = \sigma(x,y)$, $\theta = \theta(x,y)$。在实际计算中,若能求出散体中各点的 σ 与 θ 值,则可由式(2-10)或式(2-11)算出极限平衡状态散体中各点的应力状态 σ_x、σ_y、τ_x。将式(2-10)、式(2-11)代入式(2-4)可得极限平衡微分方程组:

$$\begin{cases}(1+\sin\varphi\cos2\theta)\dfrac{\partial\sigma}{\partial x} + \sin\varphi\sin2\theta\dfrac{\partial\sigma}{\partial y} - 2\sigma\sin\varphi\left(\sin2\theta\dfrac{\partial\sigma}{\partial x} - \cos2\theta\dfrac{\partial\sigma}{\partial y}\right) = 0 \\[2mm] \sin\varphi\sin2\theta\dfrac{\partial\sigma}{\partial x} + (1-\sin\varphi\cos2\theta)\dfrac{\partial\sigma}{\partial y} + 2\sigma\sin\varphi\left(\cos2\theta\dfrac{\partial\sigma}{\partial x} + \sin2\theta\dfrac{\partial\sigma}{\partial y}\right) = \gamma\end{cases} \tag{2-12}$$

该极限平衡方程组满足强度条件与应力平衡条件。将方程组第一项乘以 $\sin(\theta\pm\mu)$,第二项乘以 $-\cos(\theta\pm\mu)$,并将两者相加,可导出方程组的另一种形式:

$$\left(\frac{\partial\sigma}{\partial x} \mp 2\sigma\frac{\partial\theta}{\partial x}\tan\varphi \pm \gamma\tan\varphi\right)\cos(\theta\mp\mu) + \left(\frac{\partial\sigma}{\partial y} \mp 2\sigma\frac{\partial\theta}{\partial y}\tan\varphi \pm \gamma\right)\sin(\theta\mp\mu) = 0$$

$$\tag{2-13}$$

极限平衡方程组(2-13)中的系数与自由项均为决定于变量 (x,y,σ,θ) 的函数,它具有两族不同的特征线,数学上称为拟线性双曲型偏微分方程组,通解的求解在数学上有较大的困难。一般认为,这种方程组的基本解法是特征线法。为使读者对方程组(2-13)的特征线解法有一个较清楚的了解,下面首先介绍特征线与特征线法基本概念,这部分内容主要来源于文献[60]。

2.1.3 土体极限平衡方程组的特征线法

1. 偏微分方程的解与特征线

首先研究偏微分方程:

$$\frac{\partial z}{\partial x} = 0 \tag{2-14}$$

式中,z 是自变量 x 与 y 的函数,该方程的解答形式可写为 $z = f(y)$,可在 y-z 平面

上确定出无穷多条相交或不相交的曲线,它们沿 x 轴移动的轨迹是无穷多个母线平行于 x 轴的相交或不相交的柱面,即为方程(2-14)的积分曲面,也是该方程的无穷多个解。显然,每个积分曲面具有不同的边界条件。由此可以看出,满足偏微分方程(2-14)解的函数 $z=f(y)$ 是一个任意函数。

对于含一个未知函数的拟线性偏微分方程:

$$a\frac{\partial z}{\partial x}+b\frac{\partial z}{\partial y}+c(-1)=0 \qquad (2\text{-}15)$$

式中,a、b 为系数;c 为自由项,x、y 为自变量,z 为待求函数。

满足方程(2-15)的解答形式可写为 $z=f(x,y)$,这种形式的函数对应于空间 (x,y,z) 上的某个积分曲面,可以有无穷多个,并且具有更复杂的形式。由解析几何学知道,方程(2-15)表示在方程(2-14)的任一个积分曲面上任一点的法向与切向相垂直的条件。方程(2-15)中的向量 $\left(\dfrac{\partial z}{\partial x},\dfrac{\partial z}{\partial y},-1\right)$ 与曲面上一点的三个法向余弦成正比例,(a,b,c) 与该点的三个切向余弦成比例。因此,可将 $\left(\dfrac{\partial z}{\partial x},\dfrac{\partial z}{\partial y},-1\right)$ 看作该点法向矢量的三个分量,(a,b,c) 看作该点切向矢量的三个分量。就是说,在空间 (x,y,z) 上的每一点均可视为有一定方向,由 (a,b,c) 所确定的矢量方向来表示。由于 (a,b,c) 均为 (x,y,z) 的函数,空间 (x,y,z) 上各点的方向均不相同,它们在空间 (x,y,z) 上确定了方向场方程(2-15)就是方向场在这些点的切向矢量方向,而积分曲面是此方程的解。

一个积分曲面可看作曲面上任一条曲线的几何轨迹,或者说曲面是由其上任一方向的曲线族所组成,但其中必有且只有一族曲线在其每条曲线各点的切线方向与方向场 (a,b,c) 在这些点的切向矢量重合,即积分曲面上的这一族曲线是按方向场的方向延伸的。组成积分曲面而且在其每点上与一定方向场在这些点的切向矢量相重合的曲线,称为特征线,以 L 表示。显然,不同的偏微分方程在空间确定不同的方向场,而且具有不同的特征线,组成不同的积分曲线。在实际计算中,若能已知所研究课题的一个边界条件并能找到所研究方程的特征线方程,则可利用已知边界上各点的已知条件作为初始值,从已知边界上各已知点作相应的特征线族,即可得出一个积分曲面,为所研究方程的一个解。假定积分曲面 A 的已知边界条件为曲线 L_0,则可从 L_0 上各点出发,按找到的特征线方程作出特征线族,得出积分曲面 A,同时应注意已知的边界曲线不能是特征线,否则从它上面的各点作不出特征线,只能得出特征曲线本身。

特征线方程可利用下述的几何学关系建立起来。由解析几何可知,曲面上任一条曲线(例如特征线)上任一点切线方向的余弦与该点坐标的微分 $(\mathrm{d}x,\mathrm{d}y,\mathrm{d}z)$ 成比例,又已知方向场在该点的方向余弦与 (a,b,c) 成比例,故与两者方向余弦成比例的两组量 $(\mathrm{d}x,\mathrm{d}y,\mathrm{d}z)$ 与 (a,b,c) 之间亦应成比例,如方程(2-16)所示:

$$\frac{\mathrm{d}x}{a}=\frac{\mathrm{d}y}{b}=\frac{\mathrm{d}z}{c}=\mathrm{d}s \quad \text{或} \quad \frac{\mathrm{d}x}{\mathrm{d}s}=a, \quad \frac{\mathrm{d}y}{\mathrm{d}s}=b, \quad \frac{\mathrm{d}z}{\mathrm{d}s}=c \tag{2-16}$$

式中,公共比值 $\mathrm{d}s$ 表示特征线的弧微分。

显然方程(2-16)就是组成拟线性偏微分方程(2-15)积分曲面的特征线方程,而且是一个常微分方程组。也就是说,通过找特征线方程可以把一个常微分方程的求解问题变成对一个常微分方程组的求解问题。因为,两者的解在这种情况下是等价的。交线 L 在偏微分方程的两个积分曲面上,线 L 上任一点 P 的切线方向必与这两个曲面在同一点的法线方向相垂直。已知与两个曲面在同一点法线方向垂直的只有方向场 (a,b,c) 在该点的切向矢量方向。因而,在交线 L 上 P 点与法线方向垂直的切线方向就是方向场在该点的切向矢量方向。沿交线 L 上其他点的法线方向,也可按相同方法证明是方向场在各该点的切向矢量方向,证明了积分曲面交线就是特征线。

2. 寻找特征线方程的解析方法

在方程(2-15)中有两个未知数 $\frac{\partial z}{\partial x}$ 与 $\frac{\partial z}{\partial y}$,故尚需第二个有关方程才能求解。所缺的方程可采用空间 (x,y,z) 上曲线的全微分方程来补足,即

$$\mathrm{d}z=\frac{\partial z}{\partial x}\mathrm{d}x+\frac{\partial z}{\partial y}\mathrm{d}y \tag{2-17}$$

由于曲线 L 是空间 (x,y,z) 上一条确定的曲线,故 $\mathrm{d}x$、$\mathrm{d}y$、$\mathrm{d}z$ 是已知的。因而,方程(2-15)与方程(2-17)就是关于 $\frac{\partial z}{\partial x}$ 与 $\frac{\partial z}{\partial y}$ 的线性方程组。方程组的解用行列式的形式写成

$$\frac{\partial z}{\partial x}=\frac{\Delta_1}{\Delta}=\frac{\begin{vmatrix} c & b \\ \mathrm{d}z & \mathrm{d}y \end{vmatrix}}{\begin{vmatrix} a & b \\ \mathrm{d}x & \mathrm{d}y \end{vmatrix}}, \quad \frac{\partial z}{\partial y}=\frac{\Delta_2}{\Delta}=\frac{\begin{vmatrix} a & c \\ \mathrm{d}x & \mathrm{d}z \end{vmatrix}}{\begin{vmatrix} a & b \\ \mathrm{d}x & \mathrm{d}y \end{vmatrix}} \tag{2-18}$$

根据判别式定理知,能使导数 $\frac{\partial z}{\partial x}$ 与 $\frac{\partial z}{\partial y}$ 具有无穷多个值(即不能唯一确定)的必要和充分条件是使上列两式等号右边的分子分母同时为零,即令式(2-18)中的 $\Delta=\Delta_1=\Delta_2=0$。

由 $\Delta=a\mathrm{d}y-b\mathrm{d}x=0$ 得

$$\frac{\mathrm{d}y}{\mathrm{d}x}=\frac{b}{a} \quad \text{或} \quad \frac{\mathrm{d}x}{a}=\frac{\mathrm{d}y}{b} \tag{2-19}$$

由 $\Delta_1=c\mathrm{d}y-b\mathrm{d}z=0$ 得

$$\frac{\mathrm{d}y}{\mathrm{d}z}=\frac{b}{c} \quad \text{或} \quad \frac{\mathrm{d}y}{b}=\frac{\mathrm{d}z}{c} \tag{2-20}$$

由 $\Delta_2 = a\mathrm{d}z - c\mathrm{d}x = 0$ 得

$$\frac{\mathrm{d}x}{\mathrm{d}z} = \frac{a}{c} \quad \text{或} \quad \frac{\mathrm{d}x}{a} = \frac{\mathrm{d}z}{c} \tag{2-21}$$

比较方程(2-19)~方程(2-21),可得出与特征线方程(2-16)完全相同的方程

$$\frac{\mathrm{d}x}{a} = \frac{\mathrm{d}y}{b} = \frac{\mathrm{d}z}{c}$$

为进一步说明得出的方程是特征线方程,可将方程(2-19)中的 $a = \dfrac{\mathrm{d}x}{\mathrm{d}y}b$ 代入偏微分方程(2-15)中推出

$$a\frac{\partial z}{\partial x} + b\frac{\partial z}{\partial y} = c = b\frac{\mathrm{d}z}{\mathrm{d}y} = b\left(\frac{\partial z}{\partial y} + \frac{\partial z}{\partial x}\frac{\mathrm{d}x}{\mathrm{d}y}\right)$$

这说明所得出的特征线方程(2-16)或方程(2-19)~方程(2-21)均满足偏微分方程(2-15),即为方程(2-15)的特征线方程。

3. 拟线性偏微分方程的特征线数值解法

特征线方程(2-16)或方程(2-19)~方程(2-21)中 a、b、c 都是 x、y、z 的函数,其中 z 还是待求函数。因而,上述特征线方程仍然不能真正地求出特征线。例如,在图 2.3 所示的 x、y 平面上,从已知边界曲线 L_0 上任一点 M_0 并不能作出拟线性偏微分方程的真正投影特征线 L_1,就是说不能按特征线方程(2-19)真正地作出 L_1,因为方程(2-19)中的 a 和 b 都与待求函数 z 有关,而沿 L_1 线上各个点的斜率 $\dfrac{\mathrm{d}y}{\mathrm{d}x}$ 实际上是未知的。同理,沿 L_1 线上 $\dfrac{\mathrm{d}y}{\mathrm{d}z}$ 或 $\dfrac{\mathrm{d}x}{\mathrm{d}z}$ 也是未知的。因而,只能利用已知边界 L_0 上任一点 M_0 的已知条件 (x_0, y_0, z_0) 作出真正特征线在该点 M_0 的 $\dfrac{\mathrm{d}y}{\mathrm{d}x}$。图 2.3 中,直线 M_0M_1 代表 L_1 线在 M_0 点的切线方向,而 M_1 点用以代表真正投影线 L_1 上 M_1 点的近似位置。

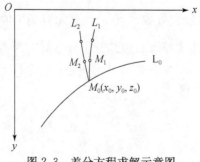

图 2.3　差分方程求解示意图

在 M_0 与 M_1 点之间,投影特征线的方程(2-19)可近似地用折线方程

$$a(x_0,y_0,z_0)(y-y_0)-b(x_0,y_0,z_0)(x-x_0)=0 \qquad (2-22)$$

来代替,而特征线方程(2-20)与(2-21)沿此直线段上也近似的成立,即

$$b(x_0,y_0,z_0)(z-z_0)-c(x_0,y_0,z_0)(y-y_0)=0 \qquad (2-23)$$

$$a(x_0,y_0,z_0)(z-z_0)-c(x_0,y_0,z_0)(x-x_0)=0 \qquad (2-24)$$

方程(2-22)~方程(2-24)又称为差分方程。在实际计算时,由已知点 M_0 起假定一个 Δx 值或 Δy 值,得出与 M_0 点邻近一点 M_1 的坐标 $x=x_0+\Delta x$ 或 $y=y_0+\Delta y$,将之代入方程(2-22)中求出 y 或 x 值,即得出 M_1 点的全部坐标(x,y),用以代替真正投影特征线 L_1 上与 M_0 点邻近的 M_1 点,再将 y 值代入式(2-23)或 x 值代入式(2-24)中,即可得出 M_1 点的待求函数 z 值。由 M_1 点继续按相同方法求解,最后可得出近似的投影特征线 L_2 及其上的函数 z 值。用特征线的差分方程解拟线性偏微分方程是近似的,为了提高计算精度,实际计算中应将 Δx 或 Δy 值尽可能取小一些。

4. 极限平衡方程组的特征线及其数值解法

以上为含一个未知函数的拟线性偏微分方程特征线解法的概念,而方程组(2-13)是一个含两个未知函数 σ 与 θ 的拟线性偏微分方程组,它的特征线解法在概念更为复杂一些。该方程组的函数解答形式可写为 $\sigma=\sigma(x,y)$ 和 $\theta=\theta(x,y)$,即在(x,y)平面任一点的垂线上任一点处均存在有满足方程组(2-13)的两个函数 σ 与 θ 情况下,几何图像是在(x,y)平面以上的空间里存在着无穷多个由函数 $\sigma=\sigma(x,y)$ 和 $\theta=\theta(x,y)$ 所确定两种积分曲面,为方程组(2-13)的解。在上述空间里存在两种不同的方向场,即在空间上任一点均有两个不同的切向矢量,也就是说,两种积分曲面分别由两族不同的特征线组成。为了求方程组(2-13)的解,显然要求出它的两族不同特征线方程。

首先找出与方程组(2-13)中未知数 $\dfrac{\partial\sigma}{\partial x},\dfrac{\partial\sigma}{\partial y},\dfrac{\partial\theta}{\partial x},\dfrac{\partial\theta}{\partial y}$ 相关的方程组,这个有关方程组中包括方程组(2-13),尚缺的两个方程可利用在相应空间引出的两条任意曲线上的全微分方程补充:

$$\begin{cases} d\sigma=\dfrac{\partial\sigma}{\partial x}dx+\dfrac{\partial\sigma}{\partial y}dy \\[2mm] d\theta=\dfrac{\partial\theta}{\partial x}dx+\dfrac{\partial\theta}{\partial y}dy \end{cases} \qquad (2-25)$$

联解方程组(2-13)与(2-25),得出有关偏导数的关系式,同时假设土体只受重力作用,则可求解出两族不同的特征线方程如下:

$$\begin{cases} \dfrac{\mathrm{d}y}{\mathrm{d}x}=\tan(\theta-\mu) \\ \mathrm{d}\sigma-2\sigma\tan\varphi\mathrm{d}\theta=\gamma(\mathrm{d}y-\tan\varphi\mathrm{d}x) \end{cases}$$

$$\begin{cases} \dfrac{\mathrm{d}y}{\mathrm{d}x}=\tan(\theta+\mu) \\ \mathrm{d}\sigma+2\sigma\tan\varphi\mathrm{d}\theta=\gamma(\mathrm{d}y+\tan\varphi\mathrm{d}x) \end{cases} \tag{2-26}$$

由公式(2-26)可见,求得的两族不同特征线方程与 x 轴夹角为 $\theta\pm\mu$,这与两组滑动线与 x 轴夹角相一致,而且这两族不同的特征线方程在 (x,y) 平面上的投影相交成 2μ,这与土力学中已经证明的关于土体中两组滑动线相交成 2μ 的结论相吻合。因此,求解出的两族不同的特征线方程表示的就是处于极限平衡状态土体的两组滑动线。

事实上,求特征线方程的解析解相当困难,通常采用差分法来近似求解:

$$\begin{cases} \dfrac{y-y_i}{x-x_i}=\tan(\theta_i-\mu) \\ (\sigma-\sigma_i)-2\sigma_i(\theta-\theta_i)\tan\varphi=\gamma[(y-y_i)-(x-x_i)\tan\varphi] \end{cases} \tag{2-27}$$

$$\begin{cases} \dfrac{y-y_{i+1}}{x-x_{i+1}}=\tan(\theta_{i+1}+\mu) \\ (\sigma-\sigma_{i+1})+2\sigma_{i+1}(\theta-\theta_{i+1})\tan\varphi=\gamma[(y-y_{i+1})+(x-x_{i+1})\tan\varphi] \end{cases} \tag{2-28}$$

式中,$(x_i,y_i,\theta_i,\sigma_i)$ 为第一族滑裂线上的点;$(x_{i+1},y_{i+1},\theta_{i+1},\sigma_{i+1})$ 为第二族滑裂线上的点;其他符号意义同前。

由上式可解得所求点 (x,y,θ,σ),公式如下:

$$x=\frac{x_i\tan(\theta_i-\mu)-x_{i+1}\tan(\theta_{i+1}+\mu)-(y_i-y_{i+1})}{\tan(\theta_i-\mu)-\tan(\theta_{i+1}+\mu)} \tag{2-29}$$

$$\begin{cases} y=(x-x_i)\tan(\theta_i-\mu)+y \\ y=(x-x_{i+1})\tan(\theta_{i+1}+\mu)+y_{i+1} \end{cases} \tag{2-30}$$

$$\theta=\frac{(\sigma_{i+1}-\sigma_i)+2(\sigma_{i+1}\theta_{i+1}+\sigma_i\theta_i)\tan\varphi+\gamma[(y_i-y_{i+1})+(2x-x_i-x_{i+1})\tan\varphi]}{2(\sigma_{i+1}+\sigma_i)\tan\varphi} \tag{2-31}$$

$$\begin{cases} \sigma=\sigma_i+2\sigma_i(\theta-\theta_i)\tan\varphi+\gamma[(y-y_i)-(x-x_i)\tan\varphi] \\ \sigma=\sigma_{i+1}-2\sigma_{i+1}(\theta-\theta_{i+1})\tan\varphi+\gamma[(y-y_{i+1})+(x-x_{i+1})\tan\varphi] \end{cases} \tag{2-32}$$

2.2　滑移线场理论边界条件与计算流程

如果土体边界上某一点作用有一荷载 q,作用线方向与边界面的法线方向夹角为 δ,则由力的平衡关系可得公式:

$$\begin{cases} q\sin\delta=\tau_t \\ q\cos\delta=\sigma_n+c\cot\varphi \end{cases} \tag{2-33}$$

式中，σ_n、τ_t 为荷载 q 在作用点产生的正应力和剪应力；其他符号意义同前。

由式(2-33)也可得

$$\frac{\sigma_n + c\cot\varphi}{\tau_t} = \frac{\cos\delta}{\sin\delta} \tag{2-34}$$

荷载 q 及其在作用点产生的正应力和剪应力 σ_n、τ_t 也可以反映在应力圆上，如图 2.4 所示。

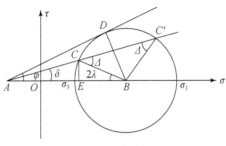

图 2.4　应力圆

在应力圆中：$AC = q$，$AB = \sigma$（特征应力），$OE = \sigma_n$，$CE = \tau_t$，λ 为大主应力 σ_1 与边界面的夹角，其他符号意义同前，可得

$$\begin{cases} q\sin\delta = \sigma\sin\varphi\sin2\lambda \\ q\cos\delta = \sigma - \sigma\sin\varphi\cos2\lambda \end{cases} \tag{2-35}$$

由式(2-35)可得

$$\frac{1 - \sin\varphi\cos2\lambda}{\sin\varphi\sin2\lambda} = \frac{\cos\delta}{\sin\delta} \tag{2-36}$$

经过整理可得

$$\sin(2\lambda + \delta) = \frac{\sin\delta}{\sin\varphi} \tag{2-37}$$

令 $\Delta = \arcsin\left(\dfrac{\sin\delta}{\sin\varphi}\right)$，则可得

$$\lambda = m\pi + (1-k)\frac{\pi}{4} + \frac{1}{2}(k\Delta - \delta) \tag{2-38}$$

$$\sigma = q\frac{\sin\Delta}{\sin(\Delta - k\delta)} \tag{2-39}$$

式中，m 为任意整数，一般取 $m = 0$、±1；$k = -1$，土体变形方向与荷载作用方向相同，$k = +1$，土体变形方向与荷载作用方向相反；当边界面水平时，$\theta = \lambda$，当边界面与水平面夹角为 ν 时，$\theta = \lambda + \nu$。由以上分析可以求出已知边界条件下边界面上土体的 σ、θ 值。

应用滑移线场理论公式计算时，土体可分为主动区、被动区、过渡区，此时对应三类不同边界条件。

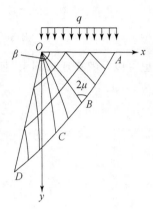

图 2.5　边坡边界条件
计算示意图

假设有一挡土结构物及其背后填土,填土的容重 γ,内摩擦角 φ,黏聚力 c 均为已知条件,如图 2.5 所示:取顶点 O 为坐标原点,水平为 x 轴,竖直为 y 轴,设填土一边界面 OA 为水平,其上作用有一均布荷载 q,另一边界面 OD 与水平面即 x 轴夹角为 β。

基本假定:填土为均匀介质,水平面延伸向无限远处,填土除顶点 O 外应力状态到处是连续的,并处于主动极限平衡状态。当边界面 OD 与水平面即 x 轴夹角 $\beta \geqslant \dfrac{\pi}{2} - \dfrac{1}{2}(\Delta - \delta)$ 时,填土中形成三个极限平衡区,即主动极限平衡区 AOB(简称主动区),过渡极限平衡区 BOC(简称过渡区),被动极限平衡区 COD(简称被动区)。

1. 主动区的计算

由于边界面 OA 是水平的,故 $\theta_{\text{I}} = \gamma$,沿填土表面 $m = 0, k = -1, \delta = 0$,则可得: $\theta_{\text{I}} = \gamma = \dfrac{\pi}{2}$。同时,各点处的竖向应力 $\sigma_y + c\cot\varphi = q$,而剪应力 $\tau_{xy} = 0$,水平应力为 $\sigma_x + c\cot\varphi$,而且 $\sigma_y + c\cot\varphi > \sigma_x + c\cot\varphi$,可知大主应力 σ_1 的方向为竖直方向,则边界面 OA 的特征应力可计算:

$$\begin{cases} q = \sigma(1 - \sin\varphi\cos2\theta_{\text{I}}) \\ \sigma_{\text{I}} = \dfrac{q}{1 - \sin\varphi\cos2\theta_{\text{I}}} = \dfrac{q}{1 + \sin\varphi} \end{cases} \tag{2-40}$$

大主应力 σ_{I} 与 x 轴交角 $\theta_{\text{I}} = \dfrac{\pi}{2}$,纵坐标 $y = 0$,横坐标 $x = \Delta xi, i = 0 \sim N_1$。

2. 被动区的计算

沿坡面曲线各点法向应力 $\sigma_n = 0$,剪应力 $\tau_{nt} = 0$,由 $\sigma_t > \sigma_n$ 可知 σ_t 为大主应力,因此坡面曲线各点的斜率为 θ_{III},可写成:$\dfrac{\mathrm{d}y}{\mathrm{d}x} = \tan\theta_{\text{III}}$,如坡面为直线则 $\theta_{\text{III}} = \pi - \alpha$,其中 α 为边坡角,若已知点 (x_0, y_0),则差分形式为

$$y_{ij} = y_0 + (x_{ij} - x_0)\theta_{\text{III}} \tag{2-41}$$

与第二族滑移线计算公式联立可得

$$x_{ij} = \frac{x_0\tan\theta_{\text{III}} - x_2\tan(\theta_2 + \mu) - (y_0 - y_2)}{\tan\theta_{\text{III}} - \tan(\theta_2 + \mu)} \tag{2-42}$$

θ_{III} 依然按公式(2-31)求解，$\sigma = \dfrac{c\cot\varphi}{1-\sin\varphi}$ 为常数，第一点 $(x_0, y_0)=(0,0)$，由此可得边坡极限坡面曲线。

3. 过渡区的计算

过渡区 BOC 的顶角为 $\xi = \Delta\theta = \theta_{\text{III}} - \theta_{\text{I}} = \beta + \dfrac{1}{2}(\Delta - \delta) - \dfrac{\pi}{2}$，如果将过渡区的 O 点看作第 II 族中一条长度等于零的滑动线，则该线上任意点 i 处的大主应力作用线与该线夹角为

$$\theta_i = \theta_{\text{I}} + k\frac{\Delta\theta}{N_2} \tag{2-43}$$

式中，k 序号，取 $0 \sim N_2$，其中 N_2 为顶角等分线数。

引入新参数：

$$\xi_i = \frac{1}{2}\cot\varphi\ln\frac{\sigma_i}{\sigma_0} + \theta_i \tag{2-44}$$

$$\eta_i = \frac{1}{2}\cot\varphi\ln\frac{\sigma_i}{\sigma_0} - \theta_i \tag{2-45}$$

式中，σ_0 为一常数。

可得

$$\xi_i - \eta_i = 2\theta_i \tag{2-46}$$

$$\xi_i + \eta_i = \cot\varphi\ln\frac{\sigma_i}{\sigma_0} \tag{2-47}$$

由(2-47)式可得

$$\sigma_i = \sigma_0\exp[(\xi_i + \eta_i)\tan\varphi] \tag{2-48}$$

在顶点 O 处的函数 ξ 均相等，即 $\xi_{\text{I}} = \xi_i = \xi_{\text{III}}$，其中 ξ_{I} 为 OA 上 O 点的 ξ 值，ξ_{II} 为 OD 上 O 点的 ξ 值，ξ_i 为过渡区的 O 点的 ξ 值，即

$$\xi_i = \xi_{\text{I}} = \frac{1}{2}\cot\varphi\ln\frac{\sigma_{\text{I}}}{\sigma_0} + \theta_{\text{I}} \tag{2-49}$$

将式(2-49)代入式(2-46)可得

$$\eta_i = \frac{1}{2}\cot\varphi\ln\frac{\sigma_{\text{I}}}{\sigma_0} + \theta_{\text{I}} - 2\theta_i \tag{2-50}$$

将式(2-50)与式(2-49)联立可得

$$\xi_i + \eta_i = \cot\varphi\ln\frac{\sigma_{\text{I}}}{\sigma_0} + 2\theta_{\text{I}} - 2\theta_i \tag{2-51}$$

将式(2-51)代入式(2-48)可得

$$\sigma_i = \sigma_{\text{I}}\exp[2(\theta_{\text{I}} - \theta_i)\tan\varphi] \tag{2-52}$$

由于边界面 OA 上 $\theta_{\mathrm{I}}=\dfrac{\pi}{2}$ 且 $\sigma_{\mathrm{I}}=\dfrac{q}{1+\sin\varphi}$，故上式可变为

$$\sigma_i=\frac{q\exp\left[(\pi-2\theta_i)\tan\varphi\right]}{1+\sin\varphi}\tag{2-53}$$

如令 $\theta_i=\theta_{\mathrm{III}}$，$\sigma_{\mathrm{II}}=\sigma_{\mathrm{III}}$，可得极限荷载 P_0：

$$P_0=\frac{c\cot\varphi(1+\sin\varphi)\exp\left[(2\theta_{\mathrm{III}}-\pi)\tan\varphi\right]}{1-\sin\varphi}\tag{2-54}$$

也可得

$$\theta_{\mathrm{III}}=\frac{\pi}{2}+\cot\varphi\ln\left[\frac{P_0(1-\sin\varphi)}{c\cot\varphi(1+\sin\varphi)}\right]\tag{2-55}$$

为满足 $\theta_{\mathrm{III}}\geqslant\pi/2$，可知极限荷载最小值为

$$P_{\min}=\frac{c\cot\varphi(1+\sin\varphi)}{1-\sin\varphi}\tag{2-56}$$

当坡面无荷载时，为满足计算条件应取 $q_0=P_{\min}$，此时 $\theta_{\mathrm{III}}=\pi/2$，故 N_2 对计算无影响，可取 $k=0$。利用式（2-29）～式（2-32）和已知的边界条件就可以用递推法求得一系列点的解。

2.3 试验极限稳定边坡坡面曲线近似方程

Cehkob 根据 Sokolovskii 的理论进行了极限稳定边坡的试验，得出了均质土体只考虑自重时的极限坡面曲线方程，对于图 2.6 所示的坐标系，这个边坡曲线的近似方程为

$$y=a\left(\frac{\pi}{2}-\mathrm{e}^m\right)-x\tan\varphi\tag{2-57}$$

式中，$m=\dfrac{x}{a}$；$a=\dfrac{2c}{\gamma}\dfrac{1+\sin\varphi}{1-\sin\varphi}$。

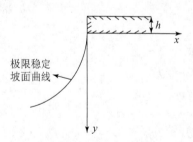

图 2.6 试验极限坡面曲线

如果坡顶处没有荷载，将正半 x 轴之上的高为 h（如图 2.6 所示）的土层自重的结果作为最小荷载进行计算：

$$h=\frac{2c\cos\varphi}{\gamma(1-\sin\varphi)}=\frac{2c}{\gamma}\tan\left(\frac{\pi}{4}+\frac{\varphi}{2}\right)\tag{2-58}$$

需要指出的是正半 x 轴之上的这个土层处于非极限状态。利用该公式可以制定的相应表格，可简单、迅速地构造出极限平衡状态下的边坡的坡面外形，即极限坡面曲线。

第 3 章　边坡稳定性极限曲线法理论简介

3.1　基本概念与定义

由前述可知,文献[60]认为,联系边坡变形发展过程定量估定其稳定性和安全程度,在概念上更为合理,提出破坏坡度与实际坡度之比作为安全系数,并指出还可以采用其他形式。文献[61]设想用某种方法对边坡进行分析求出内部应力分布情况,确定一个破坏标准衡量边坡安全程度,可以开辟一条新的稳定性分析途径。本章以此观点出发,提出边坡稳定性极限曲线法。

滑移线法可以求得无容重边坡极限荷载,对于有容重边坡则要求坡面为凹形曲面才能求得解析解[51],本书的极限曲线法采用该计算的逆过程,则对有容重边坡,在极限荷载作用下,坡面形状应为凹形曲面,二维坐标下为凹形曲线(简称极限坡面曲线),需要说明的是,即使边坡所受荷载不是极限荷载,也可以求得极限坡面曲线,这个曲线是将现有荷载定义为极限荷载后边坡极限平衡状态下的坡面形状。另外,当边坡不受荷载时,为了满足滑移线场理论计算条件,则需采用式(2-56)设定最小荷载。

将地基线以上边坡体放入第一象限,以坡脚为坐标原点,设坡高为 H,$F_1(x, y)$ 为极限坡面曲线拟合二次函数,当 $F_1(x, y)$ 与正 x 轴的交点 $x_{11} > 0$ 时,设坡面线与极限坡面曲线之间的面积 S_1,坡面线与正 x 轴及辅助线所成三角形面积 S_2,两者之比定义为安全度(degree of safety,DOS),见图 3.1 和图 3.2,设坡脚到坡顶横坐标 x_{22},$S_2 = x_{22} H/2$,设极限坡面曲线与正 x 轴及辅助线所成面积 $S_3 = \int_{x_{11}}^{x_{22}} F_1(x, y) dx$,则 $S_1 = S_2 - S_3$,DOS $= S_1/S_2$,DOS 越大稳定性越好,值域为 $(0, 1)$;以极限坡面曲线与坡面线相交为变形破坏准则,其交点横坐标 x_1 与 x_{22} 之比的负值定义为破坏度(degree of failure,DOF),见图 3.3 和图 3.4,此时 $x_{11} < 0$,DOF $= -x_1/x_{22}$,DOF 越小稳定性越差,值域为 $(-1, 0)$。由以上分析可知,x_{11} 为变形破坏准则判断值。要说明的是,对于成层土质边坡情形,极限坡面曲线与土层分界面存在折射点,该点物理值和几何值的计算方法见第 5 章。

该法最大的优点是不必假设和搜索临界滑裂面,这比强度折减法具有更大的优势,同时要说明的是强度折减法构筑一个与真实边坡相同轮廓的“虚拟”边坡,强度指标缩减,缩减的系数即安全系数,极限曲线法正好是这个方法的对偶过程,即强度指标不变,但坡面缩减变形,按其变形量评价稳定程度,而有限元强度折减法的破坏准则还存在很大争议性,而本书的极限曲线法按极限坡面曲线与坡面线的相对位置关系作为破坏准则,物理意义明确。

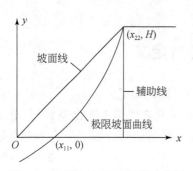

图 3.1 均质边坡 DOS 计算示意图

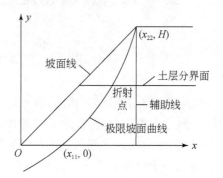

图 3.2 成层土质边坡 DOS 计算示意图

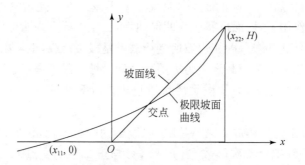

图 3.3 均质边坡 DOF 计算示意图

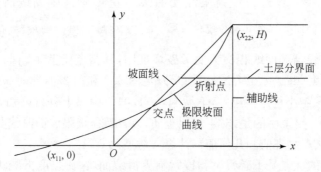

图 3.4 成层土质边坡 DOF 计算示意图

3.2 极限曲线法分类与计算流程图

3.2.1 均质边坡极限曲线法

计算极限坡面曲线有两种方法,如第 2 章所述,第一种方法为 Sokolovskii 研究的有限差分方程组[60],这里取学者姓氏开头字母为方法命名准则,称 S 曲线法(S curve method,SCM);第二种方法为 Cehkob 根据试验得到的极限稳定边坡坡面曲线方程近似公式[57,62],称 C 曲线法(C curve method,CCM),对式(2-57)坐标换算为 y 轴向上,则该方程为

$$y = H - \left[a\left(\frac{\pi}{2} - e^m - x\tan\varphi \right) \right] \tag{3-1}$$

式中,$m = x/a, a = 2c(1+\sin\varphi)/[(1-\sin\varphi)\gamma]$;其余符号意义同前。

要说明的是当 $c = 0$ 时,上式中 $a = 0$,而式(2-56)中 $P_{min} = 0$,因此上述两种方法对该情况均不适用。

为方便比较极限曲线法与已有各方法异同点,将所有方法抽象为函数形式,分述如下。

(1)极限曲线法函数:

$$F_1(x,y) = f_1(\gamma,c,\varphi,\alpha,H,\Delta x,N_1,N_2) \tag{3-2}$$

$$\text{DOS 或 DOF} = f_2[F_1(x,y),F_0(x,y)] \tag{3-3}$$

式中,α 为边坡角度;H 为坡高;$F_1(x,y)$ 为极限坡面曲线坐标拟合二次函数,这里考虑到只要判断 x_{11} 的正负,因此该曲线不必过长,为方便计算限定纵坐标最小值 $y_{min} < -1$;Δx 为主动区边界计算步长(m);N_1 为主动区边界计算分数;N_2 为过渡区边界计算分数;f_1 为 SCM;$F_0(x,y)$ 为边坡坡面过原点时的一次函数;f_2 为求 DOS 或 DOF;当 f_1 为 CCM 时,Δx 改为 $\Delta y = H/N_1$,N_1 为坡高剖分数,不存在 N_2。采用准确率最高的三次样条差值[63]计算极限坡面曲线与 x 轴交点 x_{11},该法可回避插值 Runge 现象问题,又使曲线连续光滑[64]。

要说明的是,对 SCM,从理论上讲,当 $x_{11} < 0$ 时应该 $x_1 > 0$,但是由于计算得到的极限坡面曲线坐标拟合二次函数 F_1 会随着取点变化而发生多项式摆动[65],产生当 $x_{11} < 0$ 时 $x_1 < 0$ 的情况,此时规定统一取 DOS=DOF=0。

计算流程如下:采用 SCM 时,当无坡顶荷载或坡顶荷载小于 P_{min} 时,取坡顶荷载 $P = P_{min}$,坡顶荷载大于 P_{min} 时,取该坡顶荷载值计算,假设 Δx 和 N_1、N_2,计算 y_{min},其值不要取得太小,满足 $y_{min} < -1$ 即可,避免拟合振荡而产生多项式摆动,确定 Δx 和 N_1 后,即计算范围 $L = \Delta x N_1$ 大致范围确定,为了使有限差分方程计算更准确,此时减小 Δx,增大 N_1,当两次计算结果的差值 ΔDOS 或 ΔDOF 满足一定条

件时,可得边坡稳定性评价指标 DOS 或 DOF;CCM 不涉及解的收敛性,但只适合于无荷载均质情况。该法计算流程见图 3.5,MATLAB 程序见附录 A。

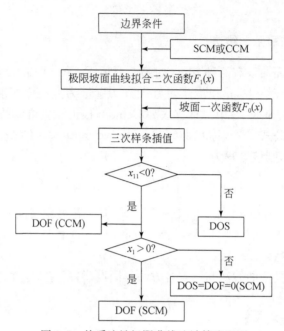

图 3.5　均质边坡极限曲线法计算流程图

(2)条分法函数:

$$\min FOS = K \tag{3-4}$$

$$s. t. CSS: f_3(x, y) = 0$$

$$f_4(\gamma, c, \varphi, \alpha, H, K, CSS) = 0$$

式中,FOS(factor of safety)为安全系数;CSS(critical slip surface) 为滑裂面;K 为折减系数;f_3 为假设滑裂面的方法;f_4 为求安全系数的相关条分法。

(3)滑面应力有限元法函数:

$$\min FOS = f_5(K, CSS) \tag{3-5}$$

$$s. t. f_6(\gamma, c, \varphi, \alpha, H, E, \nu, K, CSS) = 0$$

式中,E 为弹性模量;ν 为泊松比;f_5 为确定全局最小安全系数的方法;f_6 为有限元法。

(4)强度折减有限元法函数:

$$f_6\left(\gamma, \frac{c}{K}, \frac{\varphi}{K}, \alpha, H, E, \nu, CSS\right) = 0 \tag{3-6}$$

$$SFC: f_7(K) = 0$$

$$FOS = K$$

式中，SFC(slope failure criterion) 为边坡失稳变形破坏标准；f_7 该破坏标准的计算方法。

极限曲线法与其他方法相比的优势是不需要确定临界滑裂面，而直接计算边坡极限平衡状态的极限坡面曲线拟合函数，而失稳变形破坏准则为极限坡面曲线与当前边坡坡面线是否相交，即在满足 $y_{min}<-1$ 条件时，判断 x_{11} 的正负，稳定性评价指标采用的是由基于坡面变形量计算的安全度和破坏度，避免了从力的角度定义安全系数的多种弊端，避开了边坡稳定性分析中最重要也是最困难的临界滑裂面的确定，实现了一种通过坡面变形量定义边坡失稳变形新的破坏准则。

3.2.2　成层土质边坡极限曲线法

文献[66]在应用滑移线场理论特征线法计算基坑土压力时，提出将土层分界面看成一种特殊应力间断面的观点，并给出了相应计算公式。本书将该算法应用于边坡稳定性分析中，同时对均质的滑移线场理论计算公式进行拓展，使其能够应用于成层土体的计算。

1. 成层土体特征线方程组的推导

由于第一族滑移线上的点与第二族滑移线上的点可能不在同一区域，故解拓展为 $(x_i,y_i,\theta_i,\sigma_i,\gamma_i,\varphi_i)$ 和 $(x_{i+1},y_{i+1},\theta_{i+1},\sigma_{i+1},\gamma_{i+1},\varphi_{i+1})$，则原微分方程组 (2-26)拓展为

$$\begin{cases} \dfrac{\mathrm{d}y}{\mathrm{d}x}=\tan(\theta_i-\mu_i) \\ \mathrm{d}\sigma-2\sigma_i\tan\varphi_i\mathrm{d}\theta=\gamma_i(\mathrm{d}y-\tan\varphi_i\mathrm{d}x) \end{cases} \tag{3-7}$$

$$\begin{cases} \dfrac{\mathrm{d}y}{\mathrm{d}x}=\tan(\theta_{i+1}+\mu_{i+1}) \\ \mathrm{d}\sigma+2\sigma_{i+1}\tan\varphi_{i+1}\mathrm{d}\theta=\gamma_{i+1}(\mathrm{d}y+\tan\varphi_{i+1}\mathrm{d}x) \end{cases} \tag{3-8}$$

求解上述方程组，则原特征线方程(2-29)～方程(2-32)拓展为

$$x=\frac{x_i\tan(\theta_i-\mu)-x_{i+1}\tan(\theta_{i+1}+\mu)-(y_i-y_{i+1})}{\tan(\theta_i-\mu)-\tan(\theta_{i+1}+\mu)} \tag{3-9}$$

$$\begin{cases} y=(x-x_i)\tan(\theta_i-\mu_i)+y_i \\ y=(x-x_{i+1})\tan(\theta_{i+1}+\mu)+y_{i+1} \end{cases} \tag{3-10}$$

$$\theta=\frac{(\sigma_{i+1}-\sigma_i)+2(\sigma_{i+1}\theta_{i+1}\tan\varphi_{i+1}+\sigma_i\theta_i\tan\varphi_i)}{2(\sigma_{i+1}\tan\varphi_{i+1}+\sigma_i\tan\varphi_i)}$$

$$+\frac{\left[\gamma_{i+1}(y-y_{i+1})-\gamma_i(y-y_i)+\gamma_{i+1}(x-x_{i+1})\tan\varphi_{i+1}+\gamma_i(x-x_i)\tan\varphi_i\right]}{2(\sigma_{i+1}\tan\varphi_{i+1}+\sigma_i\tan\varphi_i)}$$

$$\tag{3-11}$$

$$\begin{cases} \sigma = \sigma_i + 2\sigma_i(\theta - \theta_i)\tan\varphi_i + \gamma_i[(y - y_i) - (x - x_i)\tan\varphi_i] \\ \sigma = \sigma_{i+1} - 2\sigma_{i+1}(\theta - \theta_{i+1})\tan\varphi_{i+1} + \gamma_{i+1}[(y - y_{i+1}) + (x - x_{i+1})\tan\varphi_{i+1}] \end{cases} \quad (3\text{-}12)$$

式中 $\mu_i = (\pi/4) - (\varphi_i/2)$；$\mu_{i+1} = (\pi/4) - (\varphi_{i+1}/2)$。

由于可将均质土体视为特殊的成层土体，即 $\gamma_i = \gamma_{i+1}$，$\varphi_i = \varphi_{i+1}$，分析可知此时方程(3-9)~方程(3-12)等同于方程(2-29)~方程(2-32)，因此可以认为后者为前者的特例。

2. 滑移线在土层分界面的折射条件与公式

第一族滑裂线上 A 点，第二族滑裂线上 B 点，首先由方程(3-9)~方程(3-12)计算第三点 C，此时共有四种情况：①A、B、C 三点在同一区域，如图 3.6 所示，此时不产生折射；②A、B 与 C 点不在同一区域，如图 3.7 所示，此时双折射，即先由 A 和 B 两点计算 C，通过 AC 线及 BC 线与土层分界面相交求 A_1 和 B_1，通过折射公式求 A_2 和 B_2，再由 A_2 和 B_2 计算 C_1，舍弃 C，保留 C_1；③B 与 C 点在同一区域，如图 3.8 所示，此时 A 折射，即先由 A 和 B 两点计算 C，通过 AC 线与土层分界面相交求 A_1，通过折射公式求 A_2，再由 A_2 和 B 计算 C_1，舍弃 C，保留 C_1；④A 与 C 点在同一区域，如图 3.9 所示，此时 B 折射，即先由 A 和 B 两点计算 C，通过 BC 线与土层分界面相交求 B_1，通过折射公式求 B_2，再由 A 和 B_2 计算 C_1，舍弃 C，保留 C_1。A_1（或 B_1）和 A_2（或 B_2）坐标值相同，但其余参数不同，具体计算过程与公式如下。

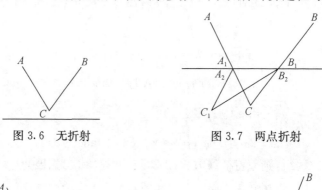

图 3.6　无折射　　　　　　图 3.7　两点折射

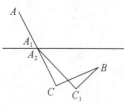 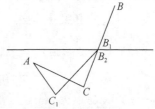

图 3.8　A 点折射　　　　　　图 3.9　B 点折射

为方便表述，定义 $(x_i, y_i, \theta_i, b_i)$ 为 A（或 B）的解，与 C 的解同为已知条件，$(x_j, y_j, \theta_j, b_j)$ 为 A_1（或 B_1）的解，$(x_k, y_k, \theta_k, b_k)$ 为 A_2（或 B_2）的解，其中 A（或 B）与 A_1

（或 B_1）在同一区域，参数为 $(\gamma_j, c_j, \varphi_j)$，$A_2$（或 B_2）在另外区域，参数为 $(\gamma_k, c_k, \varphi_k)$。土层分界面函数为 $f_1 = b$，i 和 C 两点直线函数为 $f_2 = b_1 x + b_2$，则由 f_1 和 f_2 相交及按比例关系可求得 A_1（或 B_1）的解 j 的折射公式为

$$\begin{cases} x_j = \dfrac{b - b_2}{b_1} \\ y_j = b \\ \theta_j = \dfrac{(y_j - y_i)(\theta_C - \theta_i)}{y_C - y_i} + \theta \\ \sigma_j = \dfrac{(y_j - y_i)(\sigma_C - \sigma_i)}{y_C - y_i} + \sigma \end{cases} \tag{3-13}$$

分析可知在土层分界面上 $x_j = x_k$，$y_j = y_k$。

根据土体塑性理论，应力间断面上土体单元法向应力和切应力保持连续，公式为[66]

$$\begin{cases} \sigma_j(1 - \sin\varphi_j \cos 2\theta_j) - c_j \cot\varphi_j = \sigma_k(1 - \sin\varphi_k \cos 2\theta_k) - c_k \cot\varphi_k \\ \sigma_j \sin\varphi_j \sin 2\theta_j = \sigma_k \sin\varphi_k \sin 2\theta_k \end{cases} \tag{3-14}$$

如前所述，滑移线理论满足计算条件的坡顶最小荷载为 $P_{\min} = c\cot\varphi(1 + \sin\varphi)/(1 - \sin\varphi)$，此时边坡无过渡区，本章节采用此条件，折射公式如下。

（1）当 $\theta_j = \pi/2$ 为主动区，此时 $\theta_k = \pi/2$，由公式（3-14）第一项可得

$$\sigma_k = \frac{\left[(c_k \cot\varphi_k - c_j \cot\varphi_j) + \sigma_j(1 + \sin\varphi_j)\right]}{1 + \sin\varphi_k} \tag{3-15}$$

（2）当 $\theta_j \neq \pi/2$ 为被动区，此时将公式（3-14）中的 σ_k 消去，同时定义如下公式：

$$L_1 = \frac{c_k \cot\varphi_k - c_j \cot\varphi_j}{\sigma_j \sin\varphi_j \sin 2\theta_j}, \quad L_2 = \sin\varphi_k$$

$$L_3 = \frac{1 - \sin\varphi_j \cos 2\theta_j}{\sin\varphi_j \sin 2\theta_j}, \quad L_4 = L_2\sqrt{(L_1 + L_3)^2 + 1}$$

可得

$$L_1 + L_3 = \frac{1 - L_2 \cos 2\theta_k}{L_2 \sin 2\theta_k} \tag{3-16}$$

整理成三角函数形式为

$$\sin(2\theta_k + \omega) = \frac{1}{L_4} \tag{3-17}$$

式中 $\sin\omega = L_2/L_4$；$\cos\omega = L_2(L_1 + L_3)/L_4$。

分析可知 $\sin\omega > 0$，当 $\cos\omega > 0$ 时，$\omega = \arctan\left(\dfrac{1}{L_1 + L_3}\right)$；当 $\cos\omega < 0$ 时，$\omega = \pi - \left|\arctan\dfrac{1}{L_1 + L_3}\right|$，可得

$$\theta_k = \frac{\pi - \arcsin(1/L_4) - \omega}{2} \tag{3-18}$$

此时由公式（3-14）第二项求得

$$\sigma_k = \frac{\sigma_j \sin\varphi_j \sin2\theta_j}{\sin\varphi_k \sin2\theta_k} \tag{3-19}$$

求得折射点 A_2（或 B_2）的 $(x_k, y_k, \theta_k, \sigma_k)$ 后依然采用式(3-9)～式(3-12)计算 C_1。同前述方法，原极限坡面曲线计算公式[60]拓展为

$$x = \frac{x_i \tan(\theta_i - \mu_i) - x_{i+1}\tan(\theta_{i+1} + \mu_{i+1}) - (y_i - y_{i+1})}{\tan\theta_i - \tan(\theta_{i+1} + \mu_{i+1})} \tag{3-20}$$

$$\begin{cases} y = (x - x_i)\tan\theta_i + y_i \\ y = (x - x_{i+1})\tan(\theta_{i+1} + \mu_{i+1}) + y_{i+1} \end{cases} \tag{3-21}$$

$$\theta = \frac{(\sigma_{i+1} - \sigma_i) + 2(\sigma_{i+1}\theta_{i+1}\tan\varphi_{i+1} + \sigma_i\theta_i\tan\varphi_i)}{2(\sigma_{i+1}\tan\varphi_{i+1} + \sigma_i\tan\varphi_i)}$$
$$+ \frac{[\gamma_{i+1}(y - y_{i+1}) - \gamma_i(y - y_i) + \gamma_{i+1}(x - x_{i+1})\tan\varphi_{i+1} + \gamma_i(x - x_i)\tan\varphi_i]}{2(\sigma_{i+1}\tan\varphi_{i+1} + \sigma_i\tan\varphi_i)}$$

$$\tag{3-22}$$

$$\sigma = c\frac{\cot\varphi}{1 - \sin\varphi} \tag{3-23}$$

式中，σ 与所在区域有关，在同一区域内为常数。

3. 成层土质边坡极限曲线法边界条件与流程图

计算时定义 x 轴向右为正，y 轴向下为正，边界条件：设定步长 Δx，$y = 0$，$\theta = \pi/2$，$\sigma = P_{\min}/(1 + \sin\varphi)$，仍然采用三次样条差值[63]来计算极限坡面曲线与 x 轴的交点 x_{11}，算法流程如图 3.10 所示，MATLAB 程序见附录 B。

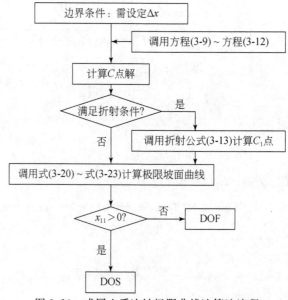

图 3.10　成层土质边坡极限曲线法算法流程

第 4 章 均质边坡极限曲线法的算例

文献[67]分析了 SCM 的稳定性,证明了变形破坏准则,并选取 34 个样本计算了 SCM 和 CCM 的正确率,与安全系数法对比验证了因素敏感性,应用于露天矿边坡稳定性分析中,结果表明该法正确率较高,可应用于工程实践。这里在该文基础上进行内容上的扩展,包括当容重 $\gamma = 0$ 时 SCM 程序与经典解对比分析及其对变形破坏准则更加详细的证明,选取更多工程实例进行计算,将文献[67]中露天矿边坡稳定性计算数据和最终边坡角敏感性分析也加入本章,并与已有的方法和工程实践进行对比验证,供读者参考研究。

4.1 SCM 程序验证与变形破坏准则证明

4.1.1 容重为零 SCM 程序的验证

SCM 是应用滑移线场理论求容重不为零边坡极限荷载的逆过程,那么显然该方法也应适用于容重为零时的情形,即对容重为零的边坡,施加已知公式计算的极限荷载时,理论上评价指标应为 DOS＝DOF＝0,当然由于 SCM 采用有限差分法,存在计算误差,因此不会完全符合理论值。对于极限荷载的计算,文献[51]提供了不同于式(2-54)的式(4-1),式中 $\theta_{\text{Ⅲ}}$ 等于坡角 α,相比可知两者相差 $c\cot\varphi$,为便于区别,设为 P_1:

$$P_1 = c\cot\varphi\left\{\frac{1+\sin\varphi}{1-\sin\varphi}\exp\left[(2\theta_{\text{Ⅲ}}-\pi)\tan\varphi\right]-1\right\} \tag{4-1}$$

这里选择三个实例进行计算,数据分别来源于文献[51]、[52]和[68],见表 4.1。对 SCM 程序分别采用 P_0 和 P_1 进行计算,第三个实例增加了按原文采用 $P_2=100\text{kPa}$ 的计算结果,将不同外荷载对应的实例再进行二级编号命名,边界条件分别为 $\Delta x=0.5,N_1=20,N_2=10$,采用附录 A 的 MATLAB 程序,计算结果见表 4.2,以及图 4.1～图 4.7。

表 4.1　容重为零实例计算参数

实例编号来源	$\gamma/(\text{kN} \cdot \text{m}^3)$	c/kPa	$\varphi/(°)$	$\alpha/(°)$	H/m
1(文献[51])	0	98	30	45	20
2(文献[68])	0	10	30	45	10
3(文献[52])	0	10	30	30	10

表 4.2　容重为零实例计算参数

实例	外荷载/kPa	安全系数	DOS
1-1	$P_0 = 1261.2$	1	0.0288
1-2	$P_1 = 1091.4$	—	0.2399
2-1	$P_0 = 128.6896$	1.032	0.0471
2-2	$P_1 = 111.3691$	—	0.2504
3-1	$P_0 = 174.1128$	—	0.0658
3-2	$P_1 = 156.7922$	—	0.2227
3-3	$P_2 = 100$	1.149~1.332	0.6392

　　由计算结果分析可知,当边界极限荷载取 P_0 时,实例 1-1、1-2 的 SCM 计算结果为小数点后两位,此时趋近于 0,接近理论值 DOS＝DOF＝0,对应的安全系数也为 1,表明极限曲线法与安全系数法结论一致,边坡都处于极限平衡状态,而取 P_1 时,SCM 计算结果偏大。因此,对 SCM 的极限荷载建议采用式(2-54)进行计算,而对实例 3-3,当取 P_2 时,SCM 的计算结果与安全系数评价结论一致,都是稳定状态。由此可证明本书方法 MATLAB 程序的正确性。

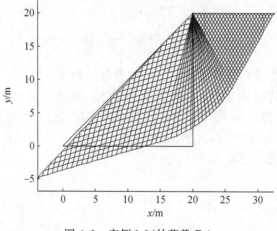

图 4.1　实例 1-1(外荷载 P_0)

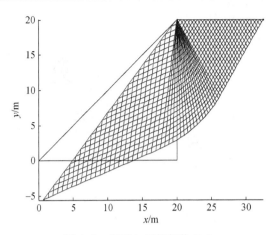

图 4.2　实例 1-2(外荷载 P_1)

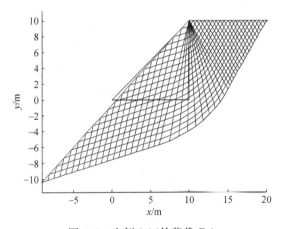

图 4.3　实例 2-1(外荷载 P_0)

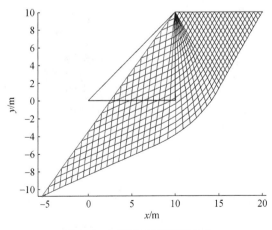

图 4.4　实例 2-2(外荷载 P_1)

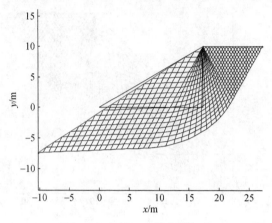

图 4.5　实例 3-1(外荷载 P_0)

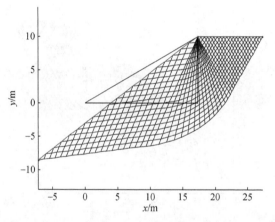

图 4.6　实例 3-2(外荷载 P_1)

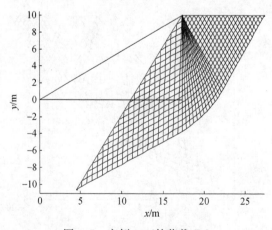

图 4.7　实例 3-3(外荷载 P_2)

4.1.2 不同坡角变形破坏准则的证明

文献[67]和文献[69]选用了同样的参数进行了安全系数的计算和极限曲线法变形破坏准则的证明,这里仍然选用该参数并将坡角进一步细化对比证明变形破坏准则的正确性,由于 $\alpha=90°$ 时已不属于传统边坡定义,故将其剔除,只保留 $\alpha=20°\sim85°$,坡角相差 $5°$,计算结果见表 4.3,坡角与 DOS 和 DOF 及安全系数的关系曲线见图 4.8。要说明的是为了真实地反映原数据变化规律,这里没有对数据进行拟合。由图表分析可知本书的极限曲线法与安全系数法具有同样的变化规律,即坡角变大时,DOS 和 DOF 及安全系数同时变小,SCM 和 CCM 的评价结论是在 $\alpha=40°\sim50°$ 边坡处于极限平衡状态,而安全系数法的评价结论为 $\alpha=45°\sim60°$,原因应该是相对于原边界条件,SCM 和 CCM 施加了外荷载,评价结论偏于保守,但基本还是一致的,由此证明了变形破坏准则的正确性。不同坡角对应的 SCM 图见图 4.9~图 4.22,CCM 见图 4.23~图 4.36,由图可见,随着坡角变大,极限坡面曲线越来越靠近坡面线,两者的关系由相离变为相交。

表 4.3 变形法破坏准则的证明

编号	坡角 $\alpha/(°)$	应力状态法	M-P 法	瑞典法	有限元法	SCM	CCM
1	20	1.63	1.97	1.85	1.99	0.7420	0.7006
2	25	1.44	1.71	1.61	1.74	0.6694	0.6234
3	30	1.29	1.54	1.46	1.56	0.5907	0.5393
4	35	1.17	1.40	1.32	1.44	0.5036	0.4408
5	40	1.08	1.27	1.22	1.31	0.4051	-0.0939
6	45	1.00	1.17	1.13	1.21	0.0242	-0.1930
7	50	0.93	1.09	1.07	1.14	-0.1434	-0.2927
8	55	0.88	1.00	0.98	1.08	-0.3710	-0.3904
9	60	0.83	0.94	0.93	1.01	-0.5693	-0.4810
10	65	0.80	0.87	0.87	0.94	-0.6927	-0.5599
11	70	0.77	0.84	0.85	0.89	-0.7644	-0.6251
12	75	0.75	0.78	0.79	0.81	-0.8089	-0.6777
13	80	0.74	0.75	0.76	0.76	-0.8389	-0.7197
14	85	0.73	0.70	0.71	0.71	-0.8605	-0.7535

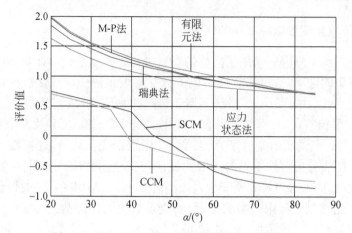

图 4.8 DOS 和 DOF 与安全系数对比（不同坡角）

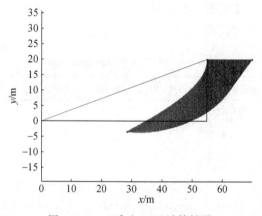

图 4.9 α＝20°时 SCM 计算结果

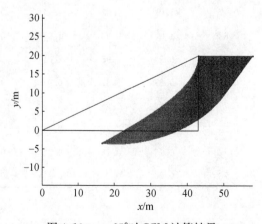

图 4.10 α＝25°时 SCM 计算结果

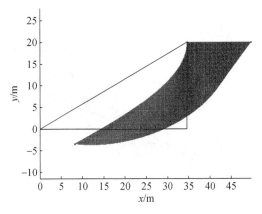

图 4.11　$\alpha = 30°$时 SCM 计算结果

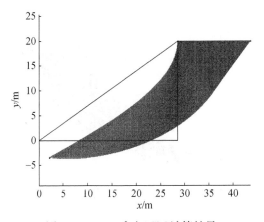

图 4.12　$\alpha = 35°$时 SCM 计算结果

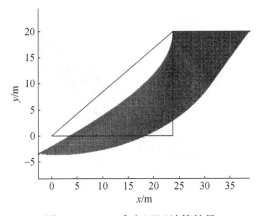

图 4.13　$\alpha = 40°$时 SCM 计算结果

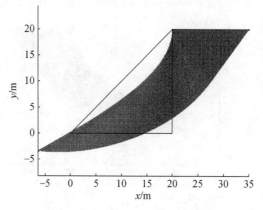

图 4.14 $\alpha=45°$时 SCM 计算结果

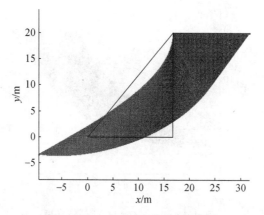

图 4.15 $\alpha=50°$时 SCM 计算结果

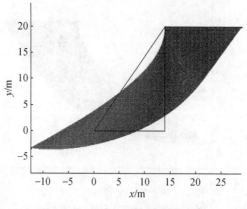

图 4.16 $\alpha=55°$时 SCM 计算结果

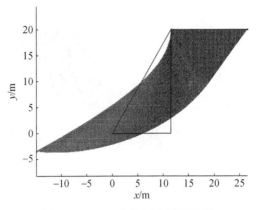

图 4.17　$\alpha = 60°$时 SCM 计算结果

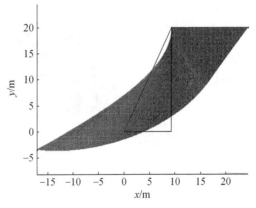

图 4.18　$\alpha = 65°$时 SCM 计算结果

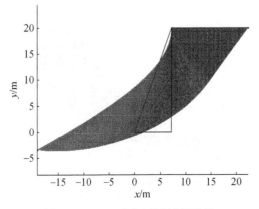

图 4.19　$\alpha = 70°$时 SCM 计算结果

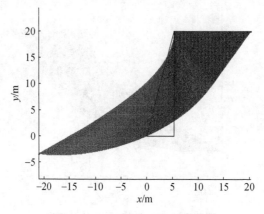

图 4.20　α＝75°时 SCM 计算结果

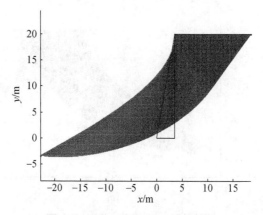

图 4.21　α＝80°时 SCM 计算结果

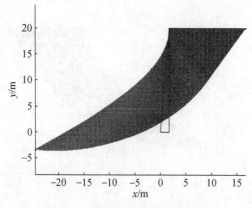

图 4.22　α＝85°时 SCM 计算结果

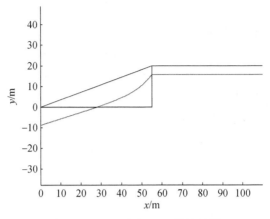

图 4.23　$\alpha=20°$时 CCM 计算结果

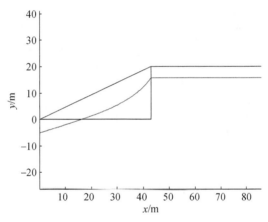

图 4.24　$\alpha=25°$时 CCM 计算结果

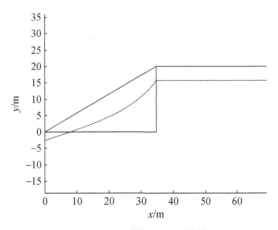

图 4.25　$\alpha=30°$时 CCM 计算结果

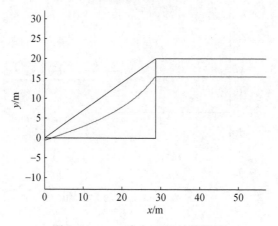

图 4.26　$\alpha = 35°$ 时 CCM 计算结果

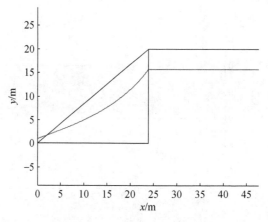

图 4.27　$\alpha = 40°$ 时 CCM 计算结果

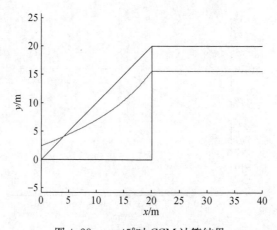

图 4.28　$\alpha = 45°$ 时 CCM 计算结果

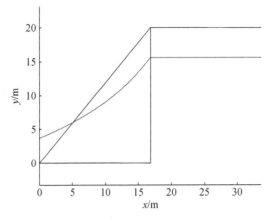

图 4.29 α＝50°时 CCM 计算结果

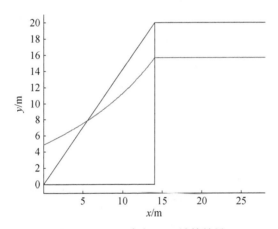

图 4.30 α＝55°时 CCM 计算结果

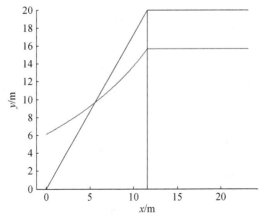

图 4.31 α＝60°时 CCM 计算结果

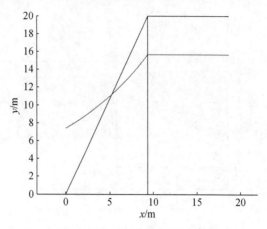

图 4.32　$\alpha=65°$时 CCM 计算结果

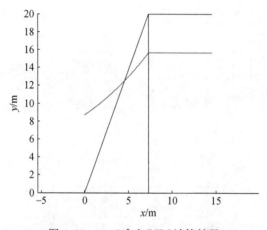

图 4.33　$\alpha=70°$时 CCM 计算结果

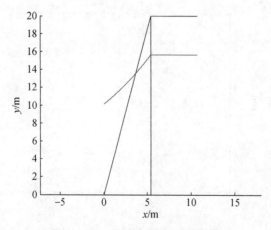

图 4.34　$\alpha=75°$时 CCM 计算结果

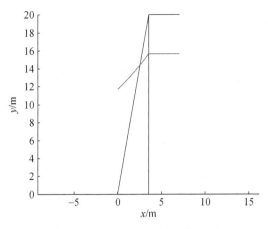

图 4.35　$\alpha = 80°$ 时 CCM 计算结果

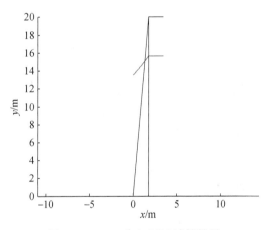

图 4.36　$\alpha = 85°$ 时 CCM 计算结果

4.2　因素敏感性分析

影响土质边坡稳定性的因素主要有容重 γ、黏聚力 c、摩擦角 φ、坡角 α、坡高 H 等,其中坡角 α 的敏感性已经作为破坏准则的证明进行了阐述,这里对其余四个因素进行敏感性计算分析。选用文献[67]的计算结果,将其制成图,使其更加直观地反映均质边坡极限曲线法的因素敏感性。SCM 计算结果见图 4.37~图 4.40, CCM 见图 4.41~图 4.44,与文献[70]给出的安全系数敏感性分析结论相同,即 DOS 或 DOF 和安全系数随着容重 γ 增大而变小,随着黏聚力 c、摩擦角 φ 的增大而变大,同时由图可见,DOS 或 DOF 和安全系数随着坡高 H 增大而变小,容重 γ 对边坡稳定性影响的敏感性最小,与已有研究成果相同,相关程序见附录 C。

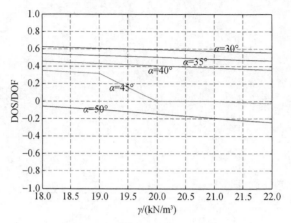

图 4.37　容重变化时 SCM 计算结果

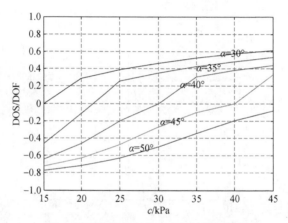

图 4.38　黏聚力变化时 SCM 计算结果

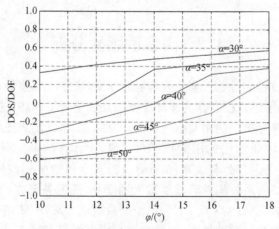

图 4.39　摩擦角变化时 SCM 计算结果

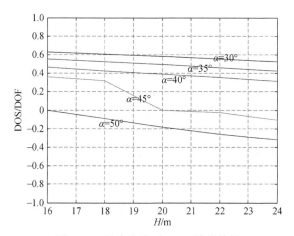

图 4.40　坡高变化时 SCM 计算结果

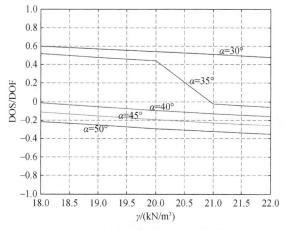

图 4.41　容重变化时 CCM 计算结果

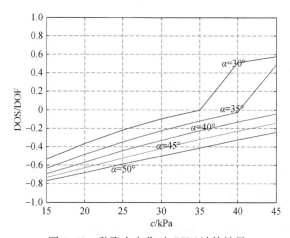

图 4.42　黏聚力变化时 CCM 计算结果

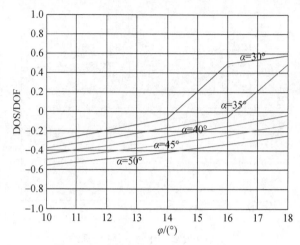

图 4.43　摩擦角变化时 CCM 计算结果

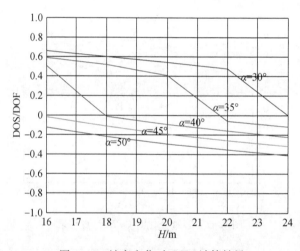

图 4.44　坡高变化时 CCM 计算结果

4.3　均质边坡算例

为了进一步对比验证本书极限曲线法的正确性和可靠性,本节选取已有学术论文中的实例进行计算,共选用 14 个算例,对应不同的安全系数计算方法:标准均质边坡算例 1 个,应力状态法算例 4 个,条分法算例 4 个,有限元法算例 5 个。

4.3.1　标准均质边坡算例

文献[71]提供了一个被学术界称为标准均质边坡的实例,计算参数见表 4.4,其中 SCM 计算参数为 $\Delta x = 0.02, N_1 = 300$,结果见表 4.5,可见 SCM 和 CCM 与已有方法评价结果完全一致,边坡处于稳定状态,SCM 见图 4.45,CCM 见图 4.46。

表 4.4　标准边坡计算参数

$\gamma/(\mathrm{kN/m^3})$	c/kPa	$\varphi/(°)$	$\alpha/(°)$	H/m
20	10	20	26.6	10

表 4.5　标准边坡计算结果

Bishop 法	Spencer 法	线弹性有限元法	有限元折减法	SCM	CCM
1.369	1.367	1.38	1.4	0.5096	0.3252

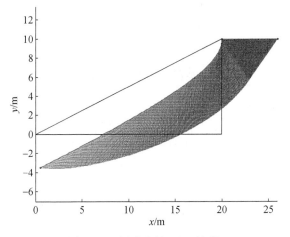

图 4.45　标准边坡 SCM 计算

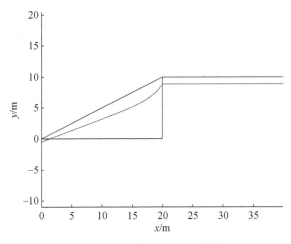

图 4.46　标准边坡 CCM 计算

4.3.2 应力状态法边坡算例

文献[72]应用应力状态法计算了 4 个边坡实例,编号和参数见表 4.6,计算结果见表 4.7,SCM 计算见图 4.47~图 4.50,CCM 见图 4.51~图 4.54。分析可知,SCM 与已有结果符合得较好,而 CCM 对 2-1 和 2-3 算例评价结果偏保守。

表 4.6　应力状态法边坡实例参数

实例	$\gamma/(\mathrm{kN/m^3})$	c/kPa	$\varphi/(°)$	$\alpha/(°)$	H/m
2-1	19.5	40	8	26.6	15.0
2-2	18.0	8	20	18.4	9.5
2-3	18.0	10	20	26.6	20.0
2-4	19.0	2	12	26.6	6.0

表 4.7　应力状态法边坡实例计算结果

实例	应力状态法	条分法	SCM	CCM
2-1	1.020~1.430	1.19	$0.4580(\Delta x=0.02, N_1=900)$	-0.2003
2-2	1.188~1.391	1.15~1.20	$0.6585(\Delta x=0.02, N_1=300)$	0.5269
2-3	1.410	1.34~1.67	$0.3319(\Delta x=0.02, N_1=500)$	-0.3241
2-4	0.734	0.6198~0.6748	$-0.7389(\Delta x=0.02, N_1=200)$	-0.8648

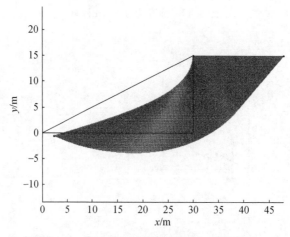

图 4.47　应力状态法边坡实例 2-1SCM 计算

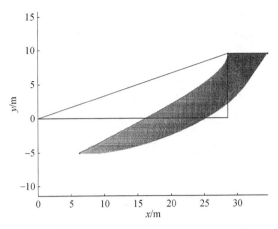

图 4.48　应力状态法边坡实例 2-2SCM 计算

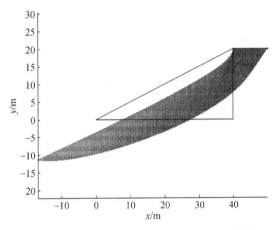

图 4.49　应力状态法边坡实例 2-3SCM 计算

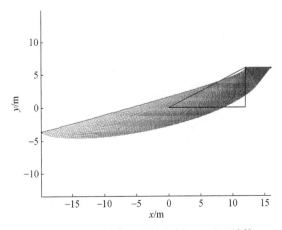

图 4.50　应力状态法边坡实例 2-4SCM 计算

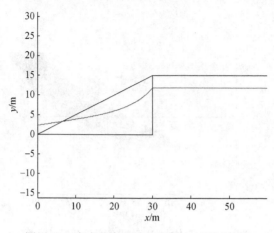

图 4.51　应力状态法边坡实例 2-1CCM 计算

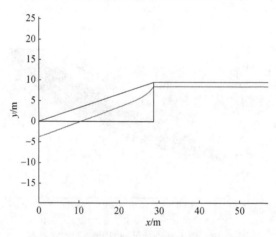

图 4.52　应力状态法边坡实例 2-2CCM 计算

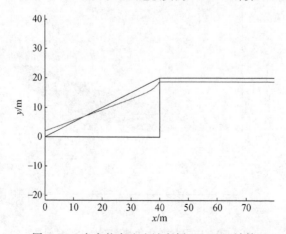

图 4.53　应力状态法边坡实例 2-3CCM 计算

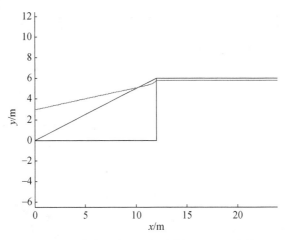

图 4.54　应力状态法边坡实例 2-4CCM 计算

4.3.3　条分法边坡算例

选用条分法 4 个边坡计算实例,实例 3-1 和实例 3-2 来源于文献[73],实例 3-3 来源于文献[74],实例 3-4 来源于文献[70],编号与参数见表 4.8,计算结果见表 4.9,SCM 计算见图 4.55~图 4.58,CCM 见图 4.59~图 4.62。分析可知,实例 3-1 SCM 计算结果偏大,CCM 评价结果与已有结论符合得较好,其余 3 个 SCM 评价结果与已有结果结论一致,而 CCM 评价结果偏于保守。

表 4.8　条分法边坡实例参数

实例	$\gamma/(kN/m^3)$	c/kPa	$\varphi/(°)$	$\alpha/(°)$	H/m
3-1	20.00	3.00	19.6	26.6	10
3-2	18.82	41.65	15.0	33.7	20
3-3	17.64	9.80	10.00	26.6	5
3-4	17.64	10.00	10.0	26.6	5

表 4.9　条分法边坡实例计算结果

实例	水平条分法	竖直条分法	Bishop 法	Spencer 法
3-1	0.934~0.985	0.935~0.985	0.987	0.986
3-2	1.250~1.403	1.261~1.404	1.409	1.388~1.406
3-3	1.154~1.352	1.183~1.342	1.344	1.324
3-4	—	—	1.358	1.293

续表

实例	GLE 法	Janbu 法	SCM	CCM
3-1	0.980	0.990	$0.1579(\Delta x=0.0050, N_1=650)$	-0.6766
3-2	—	$1.346\sim1.414$	$0.4899(\Delta x=0.020, N_1=800)$	-0.0504
3-3	1.278	—	$0.4545(\Delta x=0.020, N_1=300)$	-0.2190
3-4	—	1.314	$0.4653(\Delta x=0.020, N_1=300)$	-0.2056

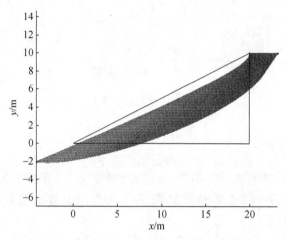

图 4.55 条分法边坡实例 3-1SCM 计算

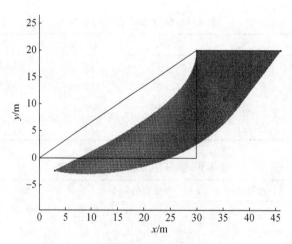

图 4.56 条分法边坡实例 3-2SCM 计算

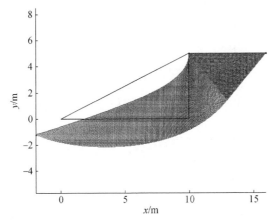

图 4.57　条分法边坡实例 3-3SCM 计算

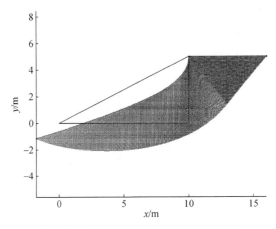

图 4.58　条分法边坡实例 3-4SCM 计算

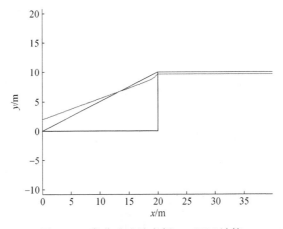

图 4.59　条分法边坡实例 3-1CCM 计算

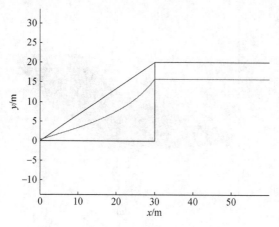

图 4.60　条分法边坡实例 3-2CCM 计算

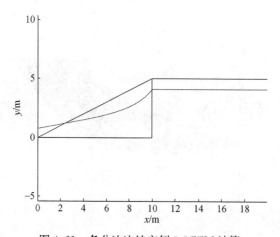

图 4.61　条分法边坡实例 3-3CCM 计算

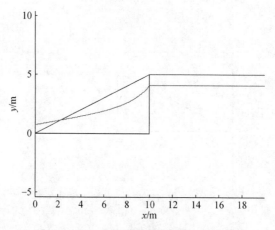

图 4.62　条分法边坡实例 3-4CCM 计算

4.3.4　有限元法边坡算例

选用有限元法 5 个边坡计算实例,实例 4-1 来源于文献[75],实例 4-2 来源于文献[52],实例 4-3、实例 4-4 来源于文献[76],实例 4-5 来源于文献[77],编号与参数见表 4.10,计算结果见表 4.11～表 4.14,SCM 计算见图 4.63～图 4.67,CCM 见图 4.68～图 4.72。分析可知,实例 4-1、实例 4-4 和实例 4-5,安全系数较大, SCM 和 CCM 计算结果与已有结论符合得较好,实例 4-2SCM 与已有结论一致,评价结果为极限平衡状态,而 CCM 偏于保守,实例 4-3 的 SCM 和 CCM 评价结果略偏于保守。

表 4.10　有限元法边坡实例参数

实例	$\gamma/(\mathrm{kN/m^3})$	c/kPa	$\varphi/(°)$	$\alpha/(°)$	H/m
4-1	20.00	8.00	30	26.6	20.00
4-2	19.50	10.00	15	30.0	10.00
4-3	20.00	20.00	20	70.0	8.12
4-4	19.63	47.88	10	30.0	13.70
4-5	20.00	15.00	25	26.6	10.00

表 4.11　实例 4-1 边坡计算结果

G-S 法	Bishop 法	Janbu 法	M-P 法	Spencer 法	FEM	SCM	CCM
1.274	1.374	1.285	1.376	1.376	1.414	0.5553($\Delta x=0.02$, $N_1=300$)	0.4149

表 4.12　实例 4-2 边坡计算结果

FEM	SCM	CCM
1.011～1.090	0($\Delta x=0.02$, $N_1=350$)	-0.4763

表 4.13　实例 4-3、4-4 边坡计算结果

FEM	极限分析法	SCM	CCM
1.007	1	-0.6684($\Delta x=0.02$, $N_1=300$)	-0.4907
1.540	1.522	0.6078($\Delta x=0.02$, $N_1=800$)	0.5923

表 4.14　实例 4-5 边坡计算结果

粒子群优化有限元	二分法有限元法	SCM	CCM
1.61	1.63	0.7023($\Delta x=0.02$, $N_1=300$)	0.6794

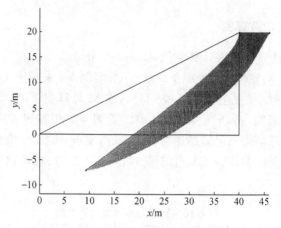

图 4.63　有限元法边坡实例 4-1 SCM 计算

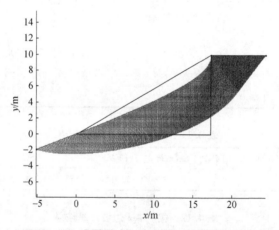

图 4.64　有限元法边坡实例 4-2 SCM 计算

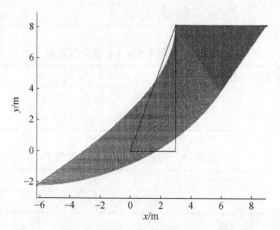

图 4.65　有限元法边坡实例 4-3 SCM 计算

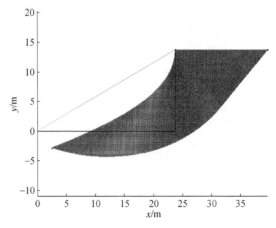

图 4.66　有限元法边坡实例 4-4 SCM 计算

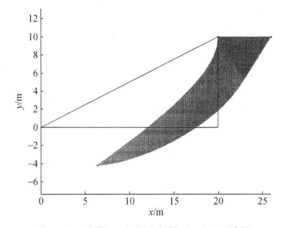

图 4.67　有限元法边坡实例 4-5 SCM 计算

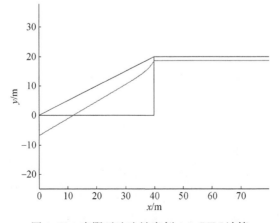

图 4.68　有限元法边坡实例 4-1 CCM 计算

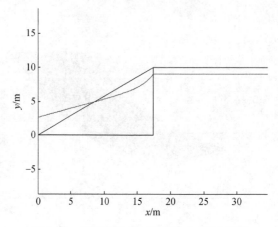

图 4.69　有限元法边坡实例 4-2 CCM 计算

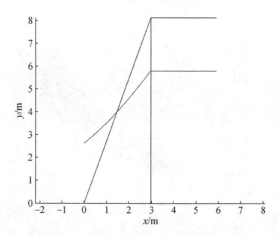

图 4.70　有限元法边坡实例 4-3 CCM 计算

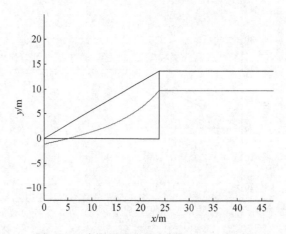

图 4.71　有限元法边坡实例 4-4 CCM 计算

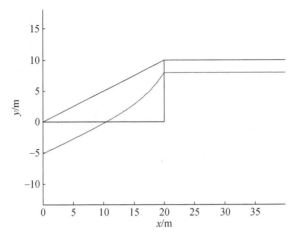

图 4.72　有限元法边坡实例 4-5 CCM 计算

4.4　样本正确率分析

在文献[67]中,选用了 34 个边坡样本进行了正确率的分析,安全系数法计算正确率为 67.7%,应力状态法为 73.5%,CCM 法为 79.4%,SCM 法为 70.6%,可见极限曲线法具有较高的正确率。本书另选文献[78]中的 22 个实例(除去 $c=0$ 或 $\varphi=0$ 的实例)进行验算,并与实际状态对比验证,如表 4.15 所示,评价标准为安全系数 $F<1.1$ 和 DOS<0.1 时判断边坡为破坏状态,相对于实际状态,SCM 和 CCM 及安全系数法正确率均为 59.1%,可见极限曲线法与安全系数法具有相同的正确率,对于评价结果偏低的原因可能是影响边坡稳定性的因素不只是所列出的 5 个,还有其他因素未考虑。

表 4.15　样本正确率验算

编号	$\gamma/(\mathrm{kN/m^3})$	c/kPa	$\varphi/(°)$	$\alpha/(°)$	H/m	安全系数	SCM	CCM	实际状态
1	22.00	29.00	15	18	400.00	1.04	−0.1747	−0.9010	0
2	23.00	24.00	20	23	380.00	1.15	−0.0469	−0.8784	0
3	22.00	40.00	30	30	196.00	1.11	0.3317	0.1641	1
4	22.54	29.40	20	24	210.00	1.06	0.1021	−0.7861	1
5	22.00	21.00	23	30	257.00	1.10	−0.6912	−0.9029	0
6	23.50	10.00	27	26	190.00	1.02	0.2195	0.0782	0
7	22.50	18.00	20	20	290.00	1.05	0.1900	0.0350	1

续表

编号	$\gamma/(kN/m^3)$	c/kPa	$\varphi/(°)$	$\alpha/(°)$	H/m	安全系数	SCM	CCM	实际状态
8	22.50	20.00	16	25	220.00	1.36	−0.8731	−0.9436	1
9	18.68	26.34	15	35	8.23	1.11	0.6360	0.6670	0
10	18.84	14.36	25	20	30.50	1.88	0.6087	0.4808	1
11	28.44	29.42	35	35	100.00	1.78	0.3618	0.2183	1
12	28.44	39.23	38	35	100.00	1.99	0.4770	0.3826	1
13	20.60	16.28	27	30	40.00	1.25	0.3535	0.1987	1
14	14.00	11.97	26	30	88.00	1.02	0.2143	−0.4856	0
15	25.00	12.00	45	53	120.00	1.30	−0.1806	−0.6628	1
16	26.00	15.00	45	50	200.00	1.20	0.0805	−0.6783	1
17	16.00	7.00	20	40	115.00	1.11	−0.9391	−0.9595	0
18	20.41	24.90	13	22	10.67	1.40	0.6433	0.5708	1
19	19.63	11.98	20	30	12.19	1.35	0.5601	0.4561	0
20	21.83	8.62	32	28	12.80	1.03	0.6011	0.5559	0
21	20.41	33.52	11	16	45.72	1.28	0.3494	−0.4724	0
22	18.84	15.32	30	25	10.67	1.63	0.8087	0.7918	1

注:实际状态中 1 表示稳定,0 表示破坏。

4.5　露天矿边坡稳定性研究

4.5.1　露天矿边坡工程简介

鞍钢集团鞍山矿业公司大连石灰石矿(原名大连甘井子石灰石矿)是鞍钢主要的辅料基地[67],矿山目前执行的是 1993 年设计标准,现采区为西部境界,集中于−36m水平,该公司致力于长远发展战略,充分开发合理利用资源,为此必须进行−50m 深部开拓和南帮扩采两项工程。确定合理的南帮外扩后最终边坡角等参数是保证矿山安全生产和境界外矿山破碎站及部分工业建筑安全运营的前提,因此,边坡稳定性及参数研究成为矿山公司立项研究大连石灰石矿扩建的重要内容。

为使矿山在生产服务年限内不发生较大规模的总体滑坡,边坡稳定性评价必须给予一定的安全储备,国内矿山边坡稳定研究采用的临界安全系数见表 4.16。通过工程类比分析,本次稳定性计算的临界安全系数确定为 1.20~1.25,国内外的工程经验一般认为矿山爆破及地下水对边坡稳定性的影响为 20%~25%,若稳定性计算时考虑爆破及地下水对边坡稳定性的影响,可确定临界安全系数为 1.40~1.45。

表 4.16　国内矿山边坡临界安全系数

矿山名称及年限	临界安全系数
武钢大冶铁矿(1978)	1.15～1.20
海南铁矿(1980)	1.15～1.25
本钢南芬铁矿(1986)	1.25
鞍钢大孤山铁矿(1986)	1.15～1.25
鞍钢东鞍山铁矿(1988)	1.3
鞍钢眼前山铁矿(1986)	1.20～1.25

4.5.2　南帮扩建边坡稳定性计算分析

南帮边坡坡顶标高为 70～80m,采场设计开采底标高为－50m,最终边坡高度约为 120～130m,坡高 H 的稳定性分析原报告选用 110m、115m、120m、125m、130m、135m 六个数值,坡角 α 的稳定性分析选用 50°、55°、60°、65°四个最终边坡角度,根据已有研究结论可知,坡高越大边坡稳定性越差,因此这里只选用 135m 作稳定性分析,根据力学试验,石灰岩岩体容重为 $\gamma = 26.5kN/m^3$,黏聚力 $c = 225kPa$,内摩擦角为 $\varphi = 36°$,原报告计算方法选用 Bishop 法和 Janbu 法,从中可初步确定满足稳定条件的最终边坡角为 55°～60°。

本书极限曲线法计算结果见表 4.17,SCM 计算见图 4.73～图 4.76,CCM 见图 4.77～图 4.80,其中 SCM 边界参数为 $\Delta x = 0.5$ 和 $N_1 = 100$,CCM 边界参数为 $\Delta y = 0.0135$ 和 $N_1 = 10000$,SCM 和 CCM 在 $\alpha = 65°$ 时计算结果为 DOF,则最终边坡角应为 $\alpha_0 < 65°$,这与原报告初步确定最终边坡角 $\alpha_0 = 55°～60°$ 的结论相一致。选择不同高度四个剖面进行稳定性分析,坡角 $\alpha_0 = 55°$ 的稳定性计算剖面见图 4.81～图 4.84,计算结果见表 4.18,可知 SCM 和 CCM 与安全系数法结论一致,即在上述参数条件下边坡处于稳定状态,SCM 计算见图 4.85～图 4.96,CCM 计算见图 4.97～图 4.108。

表 4.17　$H = 135m$ 与最终边坡角敏感性分析

最终边坡角/(°)	Bishop 法	Janbu 法	SCM	CCM
50	1.569	1.553	0.563	0.5685
55	1.466	1.464	0.4763	0.4838
60	1.377	1.384	0.3646	0.3738
65	1.297	1.31	－0.0584	－0.1813

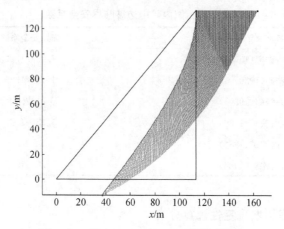

图 4.73　$H=135\mathrm{m}$ 时 $\alpha_0=50°$ SCM 计算

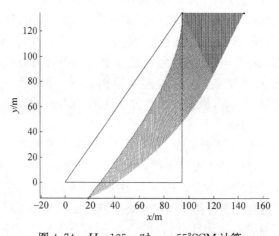

图 4.74　$H=135\mathrm{m}$ 时 $\alpha_0=55°$ SCM 计算

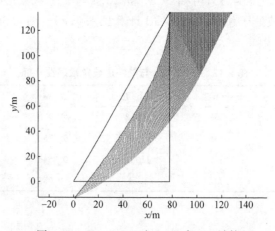

图 4.75　$H=135\mathrm{m}$ 时 $\alpha_0=60°$ SCM 计算

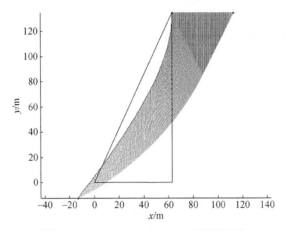

图 4.76　$H=135\mathrm{m}$ 时 $\alpha_0=65°$SCM 计算

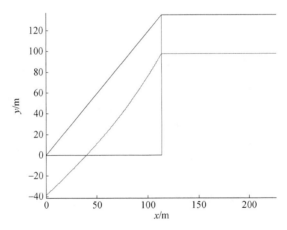

图 4.77　$H=135\mathrm{m}$ 时 $\alpha_0=50°$CCM 计算

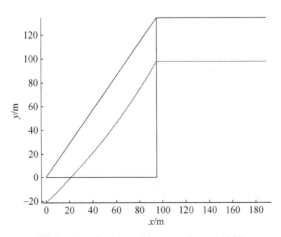

图 4.78　$H=135\mathrm{m}$ 时 $\alpha_0=55°$CCM 计算

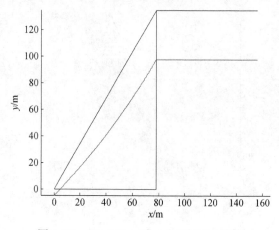

图 4.79　$H=135\text{m}$ 时 $\alpha_0=60°$CCM 计算

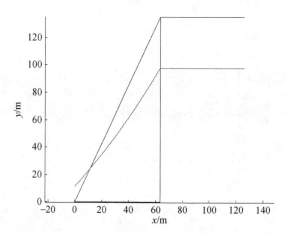

图 4.80　$H=135\text{m}$ 时 $\alpha_0=65°$CCM 计算

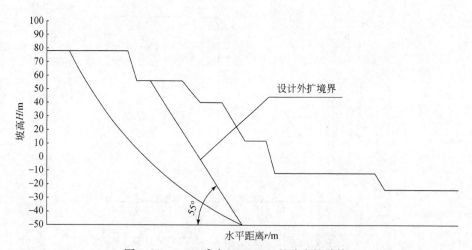

图 4.81　$\alpha_0=55°$时 $H=128\text{m}$ 的稳定性计算

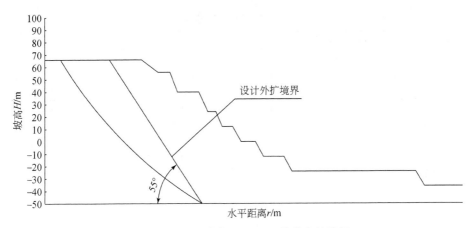

图 4.82　$\alpha_0 = 55°$ 时 $H = 116\text{m}$ 的稳定性计算

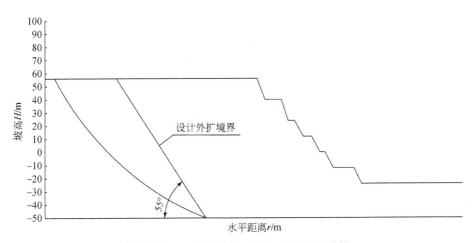

图 4.83　$\alpha_0 = 55°$ 时 $H = 106\text{m}$ 的稳定性计算

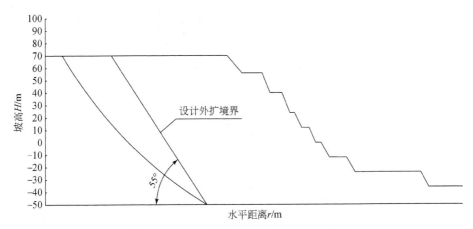

图 4.84　$\alpha_0 = 55°$ 时 $H = 120\text{m}$ 的稳定性计算

表 4.18　不同剖面稳定性计算

剖面坡高 H/m	边坡角度/(°)	Bishop 法	Janbu 法	SCM	CCM
128	55	1.499	1.501	0.4955	0.5114
	58	1.444	1.451	0.4347	0.4527
	60	1.422	1.431	0.3882	0.4075
116	55	1.567	1.569	0.5259	0.5618
	58	1.509	1.517	0.4688	0.5092
	60	1.475	1.485	0.425	0.4689
106	55	1.628	1.632	0.5495	0.6037
	58	1.572	1.581	0.4952	0.5602
	60	1.536	1.548	0.4536	0.5242
120	55	1.542	1.543	0.5161	0.5445
	58	1.486	1.493	0.4578	0.4898
	60	1.452	1.462	0.4131	0.4479

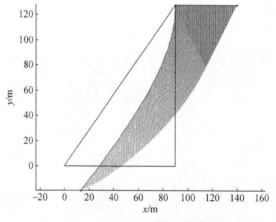

图 4.85　$H=128m$ 时 $\alpha_0 = 55°$ SCM 计算

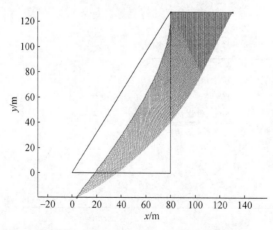

图 4.86　$H=128m$ 时 $\alpha_0 = 58°$ SCM 计算

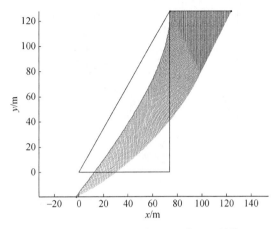

图 4.87 $H=128\text{m}$ 时 $\alpha_0=60°$SCM 计算

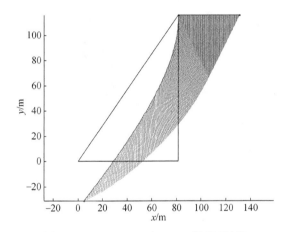

图 4.88 $H=116\text{m}$ 时 $\alpha_0=55°$SCM 计算

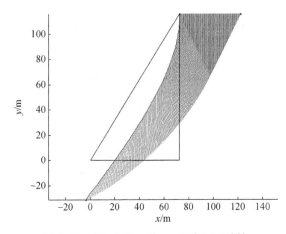

图 4.89 $H=116\text{m}$ 时 $\alpha_0=58°$SCM 计算

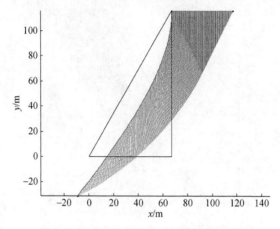

图 4.90　$H=116\text{m}$ 时 $\alpha_0=60°$SCM 计算

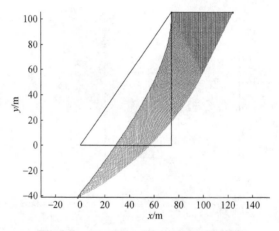

图 4.91　$H=106\text{m}$ 时 $\alpha_0=55°$SCM 计算

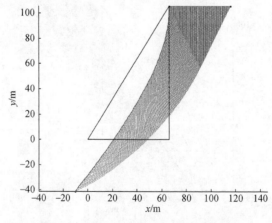

图 4.92　$H=106\text{m}$ 时 $\alpha_0=58°$SCM 计算

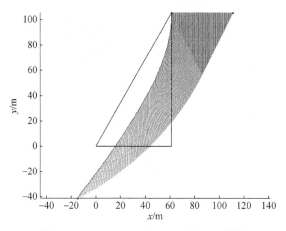

图 4.93　$H=106\text{m}$ 时 $\alpha_0=60°\text{SCM}$ 计算

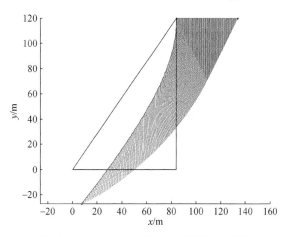

图 4.94　$H=120\text{m}$ 时 $\alpha_0=55°\text{SCM}$ 计算

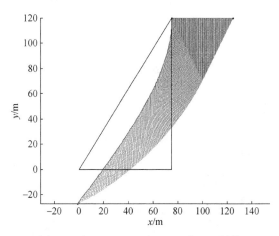

图 4.95　$H=120\text{m}$ 时 $\alpha_0=58°\text{SCM}$ 计算

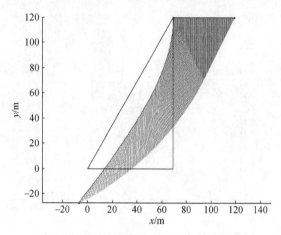

图 4.96　$H=120$m 时 $\alpha_0=60°$SCM 计算

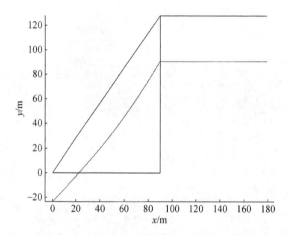

图 4.97　$H=128$m 时 $\alpha_0=55°$CCM 计算

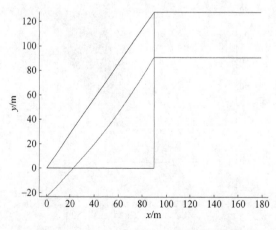

图 4.98　$H=128$m 时 $\alpha_0=58°$CCM 计算

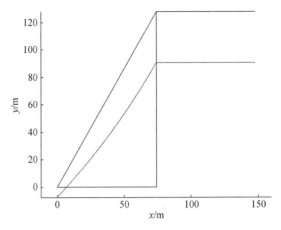

图 4.99 $H=128\text{m}$ 时 $\alpha_0=60°$CCM 计算

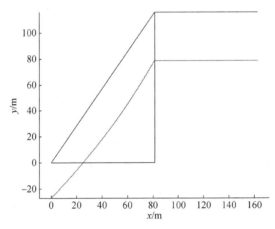

图 4.100 $H=116\text{m}$ 时 $\alpha_0=55°$CCM 计算

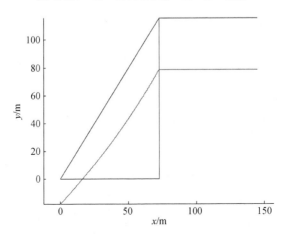

图 4.101 $H=116\text{m}$ 时 $\alpha_0=58°$CCM 计算

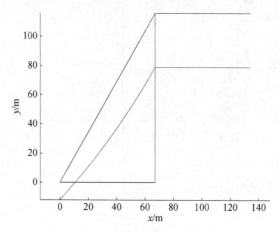

图 4.102　$H=116\mathrm{m}$ 时 $\alpha_0=60°$CCM 计算

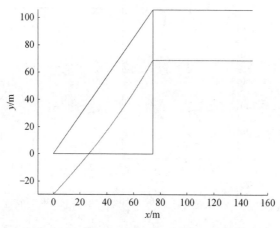

图 4.103　$H=106\mathrm{m}$ 时 $\alpha_0=55°$CCM 计算

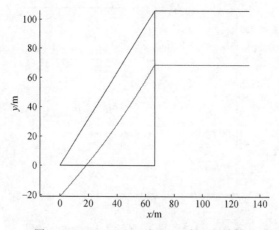

图 4.104　$H=106\mathrm{m}$ 时 $\alpha_0=58°$CCM 计算

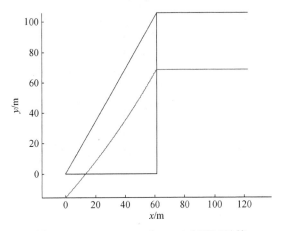

图 4.105　$H=106\mathrm{m}$ 时 $\alpha_0=60°$CCM 计算

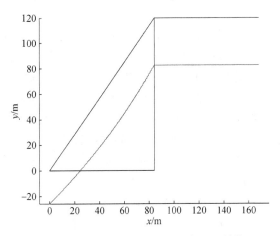

图 4.106　$H=120\mathrm{m}$ 时 $\alpha_0=55°$CCM 计算

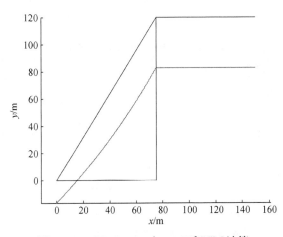

图 4.107　$H=120\mathrm{m}$ 时 $\alpha_0=58°$CCM 计算

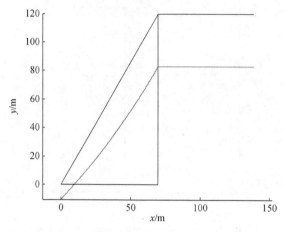

图 4.108　　$H=120m$ 时 $\alpha_0=60°$ CCM 计算

当岩体容重不变 $\gamma=26.5kN/m^3$,而强度参数取最小值 $c_{min}=200kPa$ 和 $\varphi_{min}=33°$ 时,原报告认为做好爆破降震控制及地下水防护的条件下,可保证总体边坡的稳定,但局部地段岩体较破碎时具有一定的滑坡风险,最终边坡角 $\alpha_0=55°\sim58°$。

在上述强度参数下,四个剖面在边坡角为 $55°\sim60°$ 时毕 Bishop 法和 Janbu 法与 SCM 计算结果见表 4.19,计算见图 4.109~图 4.120,由图表可知当 $\alpha=60°$ 时,$H=128m$ 剖面对应 SCM 为 DOF 情形,说明最终边坡角应为 $\alpha_0<60°$,SCM 结论与原报告一致,即 $\alpha_0=55°\sim58°$,同时分析可知,按临界安全系数值为 1.4,则由安全系数确定的最终边坡角,除 $H=106m$ 剖面为 $\alpha_0=58°$,其余剖面极限边坡角均应为 $\alpha_0<55°$;CCM 计算结果见表 4.20,计算见图 4.121~图 4.144,可知不同高度剖面具有不同 α_0,如 $H=128m$ 时,$\alpha_0=55°$;$H=116m$ 时,$\alpha_0=57°$;$H=106m$ 时,$\alpha_0=59°$;$H=120m$ 时,$\alpha_0=56°$,可见 CCM 更有利于工程实践,且对各剖面 α_0 普遍提高了 $1°\sim2°$。

表 4.19　最小参数不同剖面稳定性 SCM 计算

剖面坡高 H/m	边坡角度/(°)	Bishop 法	Janbu 法	SCM
	55	1.337	1.338	0.3796
128	58	1.288	1.293	0.3084
	60	1.268	1.275	−0.0197
	55	1.397	1.397	0.4189
116	58	1.346	1.352	0.3488
	60	1.315	1.324	0.2952
	55	1.452	1.455	0.4489
106	58	1.402	1.410	0.3825
	60	1.369	1.380	0.3316

剖面坡高 H/m	边坡角度/(°)	Bishop 法	Janbu 法	SCM
	55	1.374	1.375	0.4063
120	58	1.325	1.331	0.3347
	60	1.295	1.303	0.2799

表 4.20　最小参数不同剖面稳定性 CCM 计算

剖面坡高 H/m	55°	56°	57°	58°	59°	60°
128	0.3337	−0.0281	−0.0696	−0.1108	−0.1516	−0.1916
116	0.3939	0.3707	0.3461	−0.0261	−0.0693	−0.112
106	0.4469	0.4528	0.4035	0.3799	0.3549	−0.0331
120	0.3735	0.3494	−0.0134	−0.056	−0.0984	−0.1402

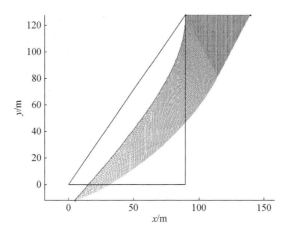

图 4.109　H＝128m 时 α_0＝55°SCM 计算

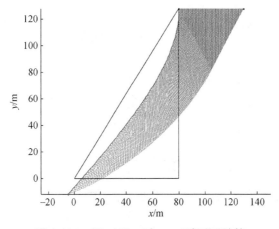

图 4.110　H＝128m 时 α_0＝58°SCM 计算

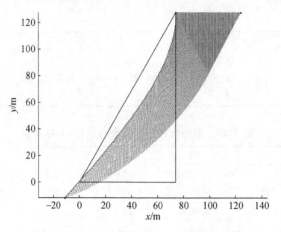

图 4.111 $H=128\text{m}$ 时 $\alpha_0=60°\text{SCM}$ 计算

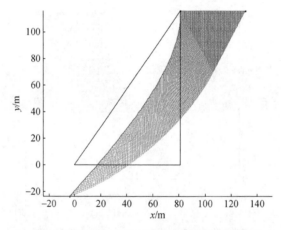

图 4.112 $H=116\text{m}$ 时 $\alpha_0=55°\text{SCM}$ 计算

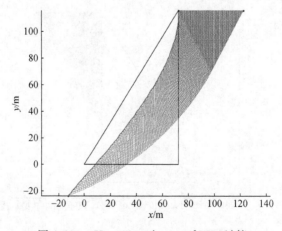

图 4.113 $H=116\text{m}$ 时 $\alpha_0=58°\text{SCM}$ 计算

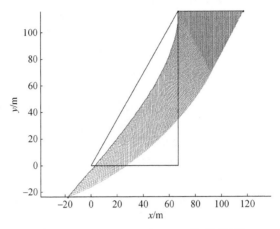

图 4.114　$H=116\text{m}$ 时 $\alpha_0=60°$SCM 计算

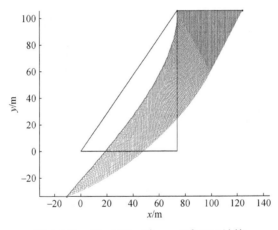

图 4.115　$H=106\text{m}$ 时 $\alpha_0=55°$SCM 计算

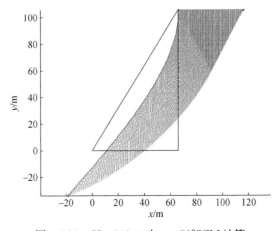

图 4.116　$H=106\text{m}$ 时 $\alpha_0=58°$SCM 计算

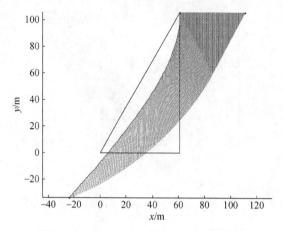

图 4.117　$H=106\text{m}$ 时 $\alpha_0=60°$ SCM 计算

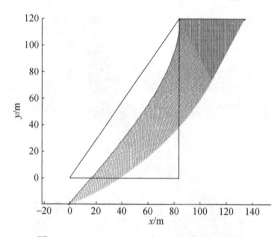

图 4.118　$H=120\text{m}$ 时 $\alpha_0=55°$ SCM 计算

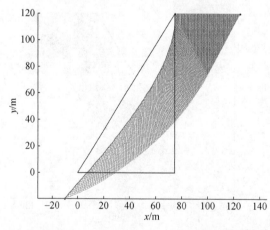

图 4.119　$H=120\text{m}$ 时 $\alpha_0=58°$ SCM 计算

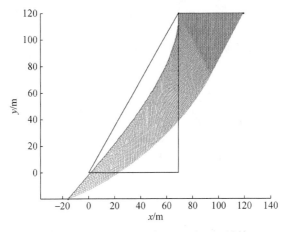

图 4.120　$H=120\text{m}$ 时 $\alpha_0=60°$SCM 计算

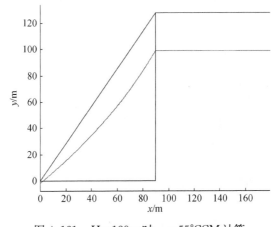

图 4.121　$H=128\text{m}$ 时 $\alpha_0=55°$CCM 计算

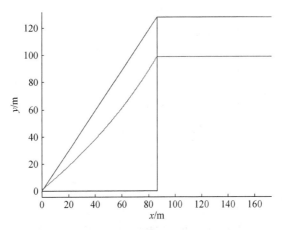

图 4.122　$H=128\text{m}$ 时 $\alpha_0=56°$CCM 计算

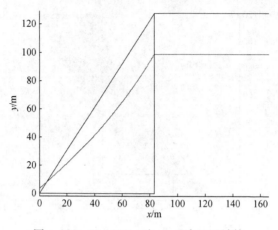

图 4.123 $H=128\mathrm{m}$ 时 $\alpha_0=57°$CCM 计算

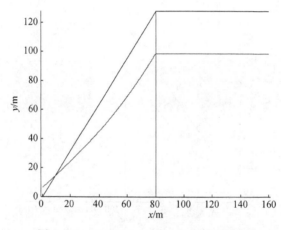

图 4.124 $H=128\mathrm{m}$ 时 $\alpha_0=58°$CCM 计算

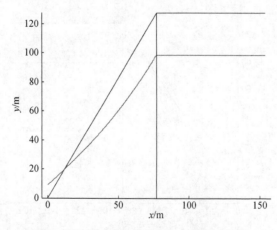

图 4.125 $H=128\mathrm{m}$ 时 $\alpha_0=59°$CCM 计算

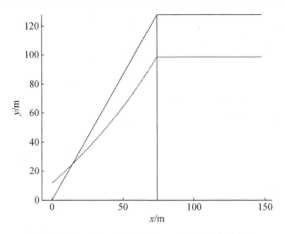

图 4.126 $H=128$m 时 $\alpha_0=60°$CCM 计算

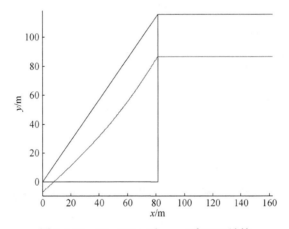

图 4.127 $H=116$m 时 $\alpha_0=55°$CCM 计算

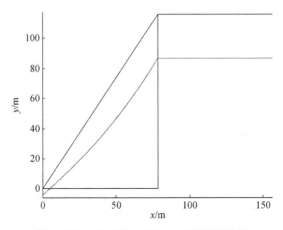

图 4.128 $H=116$m 时 $\alpha_0=56°$CCM 计算

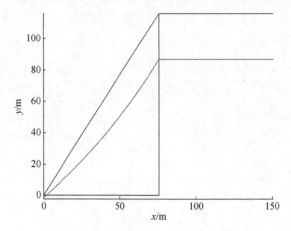

图 4.129　$H=116\text{m}$ 时 $\alpha_0=57°$CCM 计算

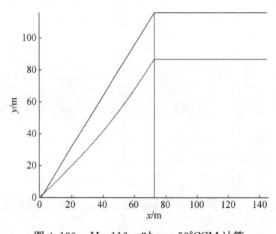

图 4.130　$H=116\text{m}$ 时 $\alpha_0=58°$CCM 计算

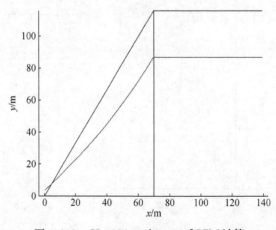

图 4.131　$H=116\text{m}$ 时 $\alpha_0=59°$CCM 计算

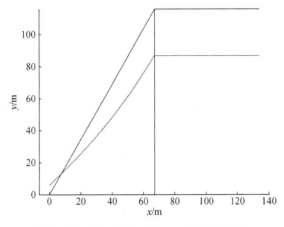

图 4.132　$H=116m$ 时 $\alpha_0=60°$CCM 计算

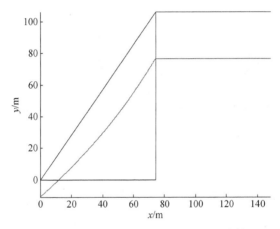

图 4.133　$H=106m$ 时 $\alpha_0=55°$CCM 计算

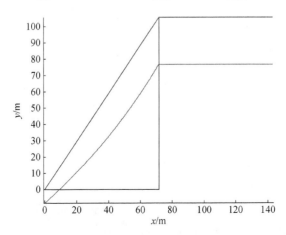

图 4.134　$H=106m$ 时 $\alpha_0=56°$CCM 计算

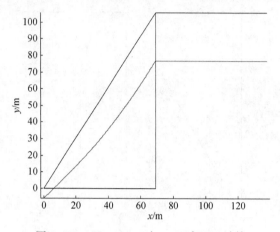

图 4.135　$H=106\mathrm{m}$ 时 $\alpha_0=57°$CCM 计算

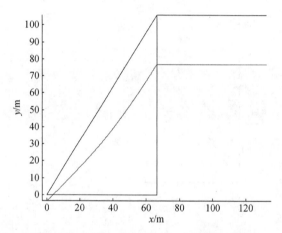

图 4.136　$H=106\mathrm{m}$ 时 $\alpha_0=58°$CCM 计算

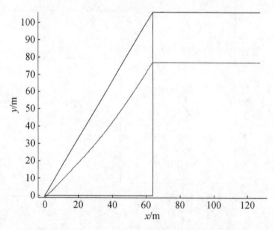

图 4.137　$H=106\mathrm{m}$ 时 $\alpha_0=59°$CCM 计算

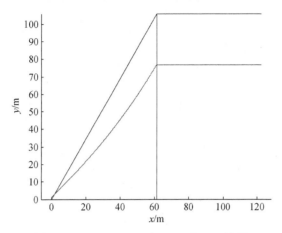

图 4.138　H＝106m 时 α_0＝60°CCM 计算

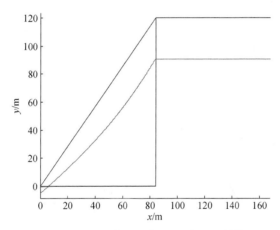

图 4.139　H＝120m 时 α_0＝55°CCM 计算

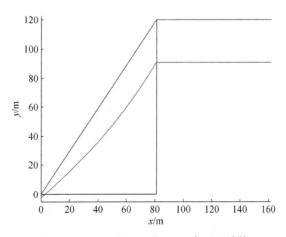

图 4.140　H＝120m 时 α_0＝56°CCM 计算

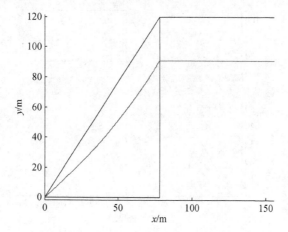

图 4.141　H＝120m 时 α_0＝57°CCM 计算

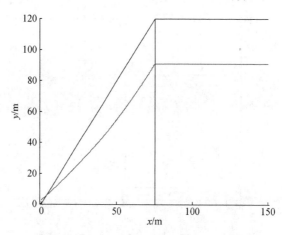

图 4.142　H＝120m 时 α_0＝58°CCM 计算

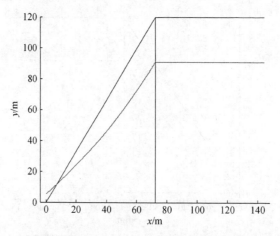

图 4.143　H＝120m 时 α_0＝59°CCM 计算

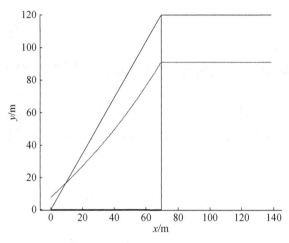

图 4.144　$H=120m$ 时 $\alpha_0=60°$CCM 计算

第5章　成层土质边坡极限曲线法

在文献[79]中,选用了 7 个成层土质边坡实例进行计算,限于篇幅未列出相关计算参数和部分计算图,这里将其列出,同时选用新的 7 个算例进行验算,进一步证明本书方法的重要性。

5.1　已有成层土质边坡算例

按文献[79]引用的实例顺序,列出计算结果,见表 5.1,除实例 5-2 计算结果偏大,本书极限曲线法计算结果与安全系数法的评价结论基本一致,同时列出相关参数和计算图,见表 5.2～表 5.8,图 5.1～图 5.7。

表 5.1　成层土质边坡实例计算结果[79]

来源	实例	分层数目	计算方法与安全系数			本书结果
文献[54]	实例 5-1	四层	常规方法	有限元法(不同泊松比)		DOS
			1.6438	1.666,1.7123,1.7231		0.6703
文献[80]	实例 5-2	双层	瑞典条分法	Bishop 法,Janbu 法	刚体单元上限法	DOS
			0.96	1	1.01	0.3586
文献[7]	实例 5-3	双层	Spence 法	有限元法	—	DOS
			1.43,1.49	1.48,1.58	—	0.5379
文献[81]	实例 5-4	四层	严格条分法	—	—	DOS
			[1.061,1.128]	—	—	0.7718
	实例 5-5	三层	1.603	—	—	0.7872
文献[82]	实例 5-6	双层	Bishop 法	有限元法	耗散能法	DOF
			0.82	0.96	0.87	−0.8468
	实例 5-7	三层	0.75	0.89	0.79	−0.8488

表 5.2　成层土质边坡实例 5-1 参数

层数	$\gamma/(\mathrm{kN/m^3})$	c/kPa	$\varphi/(°)$	$\alpha/(°)$	H/m
1	17.5	16	22	21.8	20
2	18.2	18	25	21.8	20

续表

层数	$\gamma/(kN/m^3)$	c/kPa	$\varphi/(°)$	$\alpha/(°)$	H/m
3	19.6	21	29	21.8	20
4	18.0	50	30	21.8	40

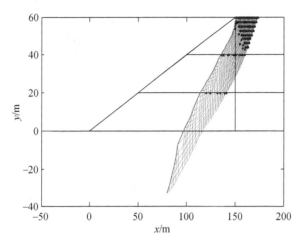

图 5.1　成层土质边坡实例 5-1 计算

表 5.3　成层土质边坡实例 5-2 参数

层数	$\gamma/(kN/m^3)$	c/kPa	$\varphi/(°)$	$\alpha/(°)$	H/m
1	19.5	5.3	23	37.6	4
2	19.5	7.2	20	37.6	4

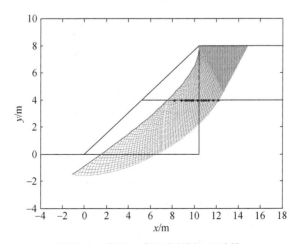

图 5.2　成层土质边坡实例 5-2 计算

表 5.4　成层土质边坡实例 5-3 参数

层数	$\gamma/(kN/m^3)$	c/kPa	$\varphi/(°)$	$\alpha/(°)$	H/m
1	24	34	26	48.7	23
2	25	39	35	48.7	15

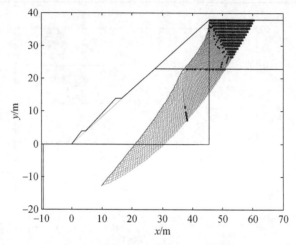

图 5.3　成层土质边坡实例 5-3 计算

表 5.5　成层土质边坡实例 5-4 参数

层数	$\gamma/(kN/m^3)$	c/kPa	$\varphi/(°)$	$\alpha/(°)$	H/m
1	18.8	20	18	26.6	6
2	18.5	40	22	26.6	6
3	18.4	25	26	26.6	9
4	18.0	10	12	26.6	4

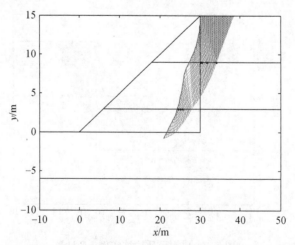

图 5.4　成层土质边坡实例 5-4 计算

表 5.6　成层土质边坡实例 5-5 参数

层数	$\gamma/(\text{kN/m}^3)$	c/kPa	$\varphi/(°)$	$\alpha/(°)$	H/m
1	18.8	20	18	26.6	6
2	18.5	40	22	26.6	6
3	18.4	25	26	26.6	9

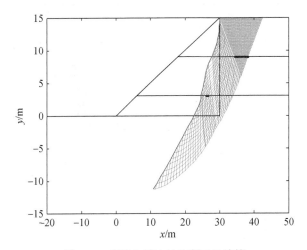

图 5.5　成层土质边坡实例 5-5 计算

表 5.7　成层土质边坡实例 5-6 参数

层数	$\gamma/(\text{kN/m}^3)$	c/kPa	$\varphi/(°)$	$\alpha/(°)$	H/m
1	18	15	15	63.4	10
2	19	20	18	63.4	20

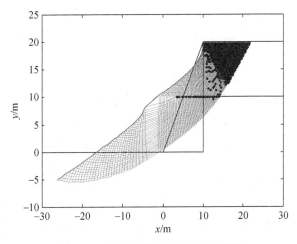

图 5.6　成层土质边坡实例 5-6 计算

表 5.8　成层土质边坡实例 5-7 参数

层数	$\gamma/(kN/m^3)$	c/kPa	$\varphi/(°)$	$\alpha/(°)$	H/m
1	18	15	15	63.4	10
2	19	20	20	63.4	10
3	20	25	20	63.4	10

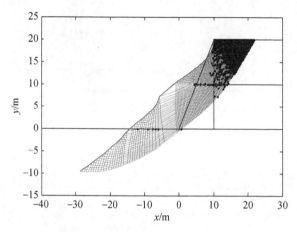

图 5.7　成层土质边坡实例 5-7 计算

5.2　新的成层土质边坡算例

本节再选用文献中 7 个实例进行计算,计算结果见表 5.9~表 5.16 及图 5.8~图 5.19。整体来看,极限曲线法计算结果与安全系数法基本一致,实例 5-10 安全系数法计算结果为极限平衡状态,但本书评价结果偏大,实例 5-11 出现了极限坡面曲线与原坡面由两个交点的情况,不过 $x_{11}>0$,而且安全系数法计算结果为稳定状态,这与极限曲线法的计算结果为 DOS 情形还是一致,实例 5-12 是一个分界土层变化的边坡实例,地基线以上坡高为 20m,从坡顶到土层分界面的软土层厚度变化范围为 $h=5m$、$10m$、$15m$、$20m$,安全系数法计算结果见图 5.12,极限曲线法计算结果按 h 变化依次为 0.8795、0.8145、0.7609、0.7027,绘制成图 5.13,可见两图曲线的变化趋势是相同的,都是随着坡土厚度的增长逐渐减小,而且评价结论都是稳定状态,证明了本书方法的正确性,实例 5-14 原题是有两种荷载情况,分别为 $p_1=0kPa$ 和 $p_2=57.6kPa$,但本书方法要求 $p_{min}=103.923kPa$,大于上述外荷载条件,因此本书不考虑荷载不同的情况,同时原例题坡顶计算距离为 7m,这里为使 $y_{min}<-1$,故延长为 9m。

表 5.9　成层土质边坡新实例计算结果

来源	实例	分层数目	计算方法与安全系数			本书结果
文献[83]	实例 5-8	三层	Bishop 法	瑞典条分法	水平条分法	DOS
			1.355	1.321	1.367	0.7249
文献[73]	实例 5-9	三层	Bishop 法	Janbu 法	M-P 法	DOS
	实例 5-10	两层	1.365	1.428,1.438	1.371,1.385	0.7512
	实例 5-11	两层	0.992	0.991,1.002	0.984,1.002	0.4814
			1.083	1.083,1.073	1.087,1.072	0.1979
文献[84]	实例 5-12	两层	Bishop 法,Janbu 法	—	—	DOS
			见图 5.12	—	—	[0.7027,0.8795]
文献[77]	实例 5-13	三层	粒子群优化法	二分法	条分法	DOS
			1.42	1.44	1.43	0.9336
文献[54]	实例 5-14	两层	潜在滑移线法	常规方法	—	DOS
			1.5235,1.6964	1.6199,1.7251	—	0.7454

表 5.10　成层土质边坡实例 5-8 参数

层数	$\gamma/(\mathrm{kN/m^3})$	c/kPa	$\varphi/(°)$	$\alpha/(°)$	H/m
1	19	10	27	28	8
2	20	14	26	28	8
3	18	12	28	28	8

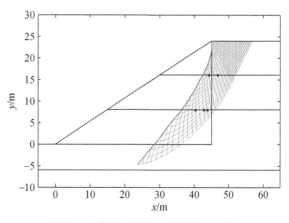

图 5.8　成层土质边坡实例 5-8 计算

表 5.11　成层土质边坡实例 5-9 参数

层数	$\gamma/(kN/m^3)$	c/kPa	$\varphi/(°)$	$\alpha/(°)$	H/m
1	18	12	28	28	8
2	20	14	26	28	8
3	19	10	27	28	8

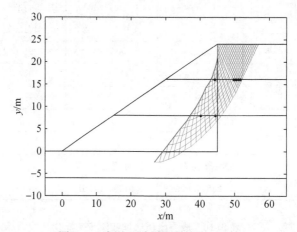

图 5.9　成层土质边坡实例 5-9 计算

表 5.12　成层土质边坡实例 5-10 参数

层数	$\gamma/(kN/m^3)$	c/kPa	$\varphi/(°)$	$\alpha/(°)$	H/m
1	19	5.3	23	38	4
2	19.5	7.2	20	38	4

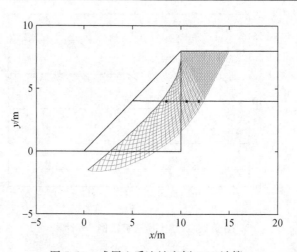

图 5.10　成层土质边坡实例 5-10 计算

表 5.13　成层土质边坡实例 5-11 参数

层数	$\gamma/(\text{kN/m}^3)$	c/kPa	$\varphi/(°)$	$\alpha/(°)$	H/m
1	18.4	14.5	10	60	4
2	18.4	14.5	30	60	4

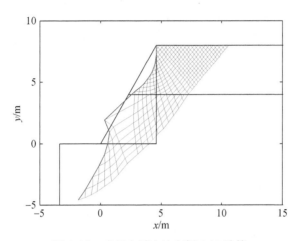

图 5.11　成层土质边坡实例 5-11 计算

表 5.14　成层土质边坡实例 5-12 参数

层数	$\gamma/(\text{kN/m}^3)$	c/kPa	$\varphi/(°)$	$\alpha/(°)$
1	18.6	20	20	26.6
2	19.8	30	30	26.6

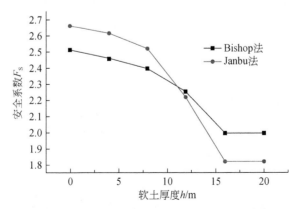

图 5.12　成层土质边坡实例 5-12 计算结果[84]

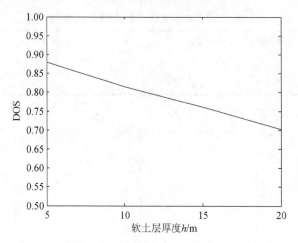

图 5.13　成层土质边坡实例 5-12 极限曲线法计算结果

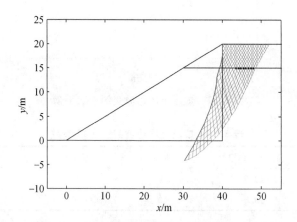

图 5.14　成层土质边坡实例 5-12 计算（h＝5m）

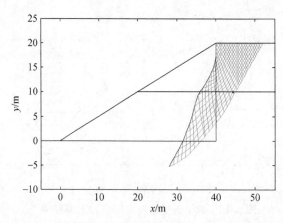

图 5.15　成层土质边坡实例 5-12 计算（h＝10m）

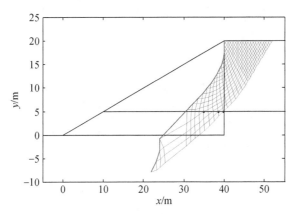

图 5.16　成层土质边坡实例 5-12 计算($h=15\text{m}$)

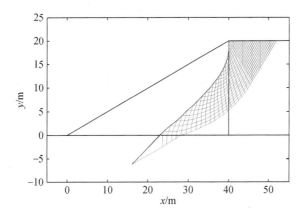

图 5.17　成层土质边坡实例 5-12 计算($h=20\text{m}$)

表 5.15　成层土质边坡实例 5-13 参数

层数	$\gamma/(\text{kN/m}^3)$	c/kPa	$\varphi/(°)$	$\alpha/(°)$	H/m
1	22	40	30	26.6	12
2	20	20	30	26.6	2
3	18	5	10	26.6	4

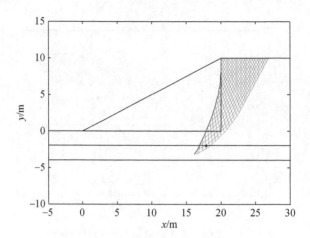

图 5.18　成层土质边坡实例 5-13 计算

表 5.16　成层土质边坡实例 5-14 参数

层数	$\gamma/(\mathrm{kN/m^3})$	c/kPa	$\varphi/(°)$	$\alpha/(°)$	H/m
1	18	20	30	33.7	8
2	18	100	35	29.7	12

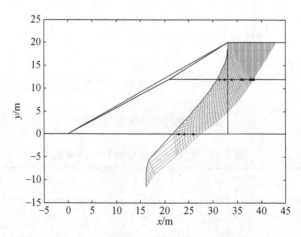

图 5.19　成层土质边坡实例 5-14 计算

第6章 结 论

现有的边坡稳定性分析方法包括两个方面的内容,一是安全系数的计算,另一个是临界滑裂面的确定,两者是相关的,即临界滑裂面可以写成关于安全系数的函数,该函数具有非凸性和多值性,同时根据计算方法的不同安全系数的定义也有多种,不同的假设条件衍生出繁多的计算方法,目前研究的焦点集中在以下两个方面:

(1)临界滑裂面搜索方法的确定,因为临界滑裂面对应着最小安全系数,所以只要该方法确定就可以找到最小安全系数,相当于解决了边坡稳定性问题。

(2)破坏准则的确定,边坡破坏时确实存在一个滑裂面,然而具有相当大的不确定性,因此有学者提出了强度折减法,该法关键点是如何确定边坡处于极限状态,即边坡失稳判据的确定,目前该问题争论比较激烈。

在已有的众多文献中,临界滑动场法[74]认为安全系数是固有的,而临界滑裂面是副产品,可以不求滑裂面而直接计算安全系数,另外有观点认为边坡稳定性的定义如果联系边坡变形发展过程会更加合理[60]。基于以上两点,本书提出了边坡稳定性分析的极限曲线法,该法的核心本质是变形破坏准则,可表述为边坡在当前力学参数条件下处于极限稳定状态时,坡面为一个凹曲面(二维为曲线),称极限坡面曲线,当其与现有坡面相交时,可以认为该边坡即处于破坏状态,否则为稳定状态。以此为理论基础定义了两个稳定性评价指标,DOS 和 DOF,前者为原坡面线和极限坡面曲线之间的面积与原坡面线和地基线及辅助线三者包含的面积之比,后者为极限坡面曲线与原坡面线相交的横坐标与坡顶横坐标之比。

对均质边坡,计算极限坡面曲线的方法主要是滑移线场理论中的特征线法SCM 和以由试验得到的极限坡面曲线方程近似公式 CCM。SCM 实质是有限差分法,涉及算法稳定性和计算范围影响的分析,这两点已在文献[67]中进行了详细验算和证明。CCM 不存在上述问题,但只适用于均质情况。特征线法可以求得边坡的极限荷载,对于有容重边坡,要求坡面为凹曲面,SCM 正好是这个计算的逆过程:在极限荷载作用下,SCM 可以求得边坡极限状态下的坡面曲线,即极限坡面曲线。对于无重边坡,极限坡面曲线与原坡面应该重合,本书通过这一点证明了SCM 的 MATLAB 程序正确性,并对目前已有极限荷载计算公式进行了验证。极限曲线法是强度参数不变,坡面几何形状改变,而强度折减法是边坡形状不变,强度参数折减,因此极限曲线法也可以看作强度折减法的对偶过程。

本书根据已有文献数据对边坡角度进行了细化,证明变形破坏准则的正确性,绘制了敏感性分析曲线,结论与安全系数法是一致的。通过标准均质边坡算例的计算及与应力状态法、条分法、有限元法等大量算例的对比,表明对均质边坡,本书的极限曲线法完全可以同已有的方法相媲美,极限曲线法的样本正确率与安全系数相同。应用于露天矿边坡稳定性和最终边坡角的分析与确定,SCM 和 CCM 计算结果与原报告结论一致,当取极小强度参数时,CCM 更有利于工程实践,表明该法具有一定的工程实用价值,且对各剖面的极限坡角 α_0 普遍提高了 $1°\sim 2°$。尽管本文差分法节点数量巨大,但采用 MATLAB 编程,时间成本很低,对于 SCM,在 $N_1 = 999$ 时第一次运算 40min 左右,由于计算机储存功能二次计算 N_1 不超过第一次时则 1min 以内便可完成,CCM 为试验方程近似公式,当 $N_1 = 10^4$ 时运算时间也只要 1min 左右。

对于非均质边坡,目前只研究了 SCM 计算成层土质边坡情形,前提是将土层分界面看作特殊的应力间断面,对文献[79]中七个计算实例列出相关数据与图表,并增加了七个新算例,与安全系数法结论是一致的。但总体来说,本书极限曲线法存在以下三点不足:

(1)影响边坡稳定性的因素不只本书的五个,在实践中,还应考虑更多的因素,这可能也是极限曲线法及安全系数法与工程实际状态存在差异的原因。

(2)摩擦角 $\varphi = 0$ 的情形未编入程序,当黏聚力 $c = 0$ 时,本书的方法尚待于进一步研究。

(3)非均质边坡情形还需深入的研究,包括折射条件与公式的确定及非均质特征线差分方程组还需要通过试验或对实际破坏土体的全面研究进一步加以确定。

除以上三点外,目前,作者正在撰写将本文极限曲线法的变形破坏准则作为强度折减法的失稳判据相关论文,并结合应用强度折减法来确定临界滑裂面;基于极限曲线法对边坡形状优化设计的相关研究也在进行中。

参 考 文 献

[1] 方薇. 残积层红黏土路堑边坡稳定性分析方法研究[D]. 长沙：中南大学，2011.

[2] 宋二祥. 土工结构安全系数的有限元计算[J]. 岩土工程学报，1997，19(2)：1—7.

[3] 郑颖人，赵尚毅. 边(滑)坡工程设计中安全系数的讨论[J]. 岩石力学与工程学报，2006，25(9)：1937—1940.

[4] 方玉树. 边坡与滑坡稳定系数定义的分析[J]. 岩土工程界，2008，12(2)：24—28.

[5] 郭明伟，葛修润，李春光，等. 基于矢量和方法的边坡稳定性分析中整体下滑趋势方向的探讨[J]. 岩土工程学报，2009，31(4)：577—583.

[6] 史恒通，王成华. 土坡有限元稳定分析若干问题探讨[J]. 岩土力学，2000，21(2)：152—155.

[7] Zheng H, Tham L G, Liu D F. On two definitions of the factor of safety commonly used in the finite element slope stability analysis[J]. Computers and Geotechnics, 2006, (33)：188—195.

[8] Baker R. Comments on "On two definitions of the factor of safety commonly used in the finite element slope stability analysis" by Hong Zheng, L. G. Tham and Defu Liu[J]. Computers and Geotechnics, 2007, (34)：124,125.

[9] 罗晓辉，邹金林. 土工结构物的稳定性数值分析[J]. 岩土力学，2001，22(2)：148—151.

[10] 朱大勇，李焯芬，黄茂松，等. 对3种著名边坡稳定性计算方法的改进[J]. 岩石力学与工程学报，2005，24(2)：183—194.

[11] 朱禄娟，谷兆祺，郑榕明，等. 二维边坡稳定方法的统一计算公式[J]. 水力发电学报，2002，3：21—29.

[12] Zhu D Y, Lee C F, Jiang H D. Generalised framework of limit equilibrium methods for slope stability analysis[J]. Geotechnique, 2003, 53(4)：377—395.

[13] 郑颖人，杨明成. 边坡稳定安全系数求解格式的分类统一[J]. 岩石力学与工程学报，2004，23(16)：2836—2841.

[14] Morgenstern N R. Keynote paper：The role of analysis in the evaluation of slope stability[C]//Proceedings of 6th International Symposium of Landslides, Rotterdam, 1992：1615—1629.

[15] 郑宏，谭国焕，刘德富. 边坡稳定性分析的无条分法[J]. 岩土力学，2007，28(7)：1285—1291.

[16] 王轶昕，王国体，方诗圣. 边坡稳定和滑坡实例计算对比分析[J]. 合肥工业大学学报(自然科学版)，2011，34(5)：721—724.

[17] 殷宗泽，吕擎峰. 圆弧滑动有限元土坡稳定分析[J]. 岩土力学，2005，26(10)：1525—1529.

[18] Fredlund D G, Scoular R E G. Using limit equilibrium concepts in finite element slope stability analysis [C]//Proceeding of the International Symposium on Slope stability Engineering-IS-shikoku'99, Invited Keynotepaper, Matsuyama, 1999:31—47.

[19] 吕擎峰. 土坡稳定分析方法研究[D]. 南京:河海大学,2005.

[20] Giffiths D V, Lane P A. Slope stability analysis by finite element[J]. Geotechnique, 1999, 49(3):387—403.

[21] Cheng Y M, Lansivaara T, Wei W B. Two-dimensional slope stability analysis by limit e-quilibrium and strength reduction methods[J]. Computers and Geotechnics, 2007, (34): 37—150.

[22] Bojorque J, De Roeck G, Maertens J. Comments on "Two-dimensional slope stability analysis by limit equilibrium and strength reduction methods by Y. M. Cheng, T. Lansivaara and W. B. Wei" [J]. Computers and Geotechnics, 2008, (35): 305—308.

[23] Cheng Y M, Lansivaara T, Wei W B. Reply to "Comments on 'Two-dimensional slope stability analysis by limit equilibrium and strength reduction methods by Y. M. Cheng, T. Lansivaara and W. B. Wei' by J. Bojorque, G. De Roeck and J. Maertens" [J]. Computers and Geotechnics, 2008, (35): 309—311.

[24] 陈力华,靳晓光. 有限元强度折减法中边坡三种失效判据的适用性研究[J]. 土木工程学报,2012,45(9):136—146.

[25] Dawson E M, Roth W H, Drescher A. Slope stability analysis by strength reduction [J]. Geotechnique, 1999, 49(6):835—840.

[26] 李育超. 基于实际应力状态的土质边坡稳定分析研究[D]. 杭州:浙江大学,2006.

[27] Yu H S, Salgado R, Sloan S W, et al. Limit analysis versus limit equilibrium for slope stability[J]. Journal of Geotechnical and Geoenvironmental Engineering, 1998, 124 (1): 1—11.

[28] 吴春秋. 非线性有限单元法在土体稳定分析中的理论及应用研究[D]. 武汉:武汉大学,2004.

[29] 赵杰. 边坡稳定有限元分析方法中若干应用问题研究[D]. 大连:大连理工大学,2006.

[30] 葛修润. 岩石疲劳破坏的变形控制律、岩土力学试验的实时 X 射线 CT 扫描和边坡坝基抗滑稳定分析的新方法[J]. 岩土工程学报,2008,30(1): 1—20.

[31] 方玉树. 关于"岩石疲劳破坏的变形控制律、岩土力学试验的实时 X 射线 CT 扫描和边坡坝基抗滑稳定分析的新方法"的讨论[J]. 岩土工程学报,2009,(10): 1642—1643.

[32] 葛修润. 对"岩石疲劳破坏的变形控制律、岩土力学试验的实时 X 射线 CT 扫描和边坡坝基抗滑稳定分析的新方法"讨论的答复[J]. 岩土工程学报,2009,(10): 1643—1644.

[33] 李建平,熊传治. 岩石边坡安全系数的边界元解[J]. 岩石力学与工程学报,1990,(3): 238—243.

[34] 王正中,牟声远,刘军. 计算边坡安全系数的坡向离心法[J]. 岩土力学,2009,30(9): 2651—2654.

[35] 郑文博,庄晓莹,李耀基,等. 基于流形方法和图论算法的岩/土质边坡稳定性分析[J]. 岩

土工程学报,2013,35(11):2045—2052.

[36] Sengupta A,Upadhyay A. Locating the critical failure surface in a slope stability analysis by genetic algorithm[J]. Applied Soft Computing ,2009,(9):387—392.

[37] Cheng Y M. Location of critical failure surface and some further studies on slope stability analysis[J]. Computers and Geotechnics,2003,(30):255—267.

[38] Kim J Y, Lee S R. An improved search strategy for the critical slip surface using finite element stress fields[J]. Department Computers and Geotechnics,1997,21(4):295-313.

[39] Pham H T V,Fredlund D G. The application of dynamic programming to slope stability analysis[J]. Canadian Geotechnical Journal,2003,40(4):830—847.

[40] 王成华,夏绪勇,李广信. 基于应力场的土坡临界滑动面的蚂蚁算法搜索技术[J]. 岩石力学与工程学报,2003,22(5):813—819.

[41] 林杭,熊威,李正明. 边坡剪应变滑动面程序嵌入及参数分析[J]. 岩土工程学报,2013,35(S1):52—56.

[42] 张玉成,杨光华,胡海英,等. 利用变模量强度折减法计算结果确定土质边坡临界滑动面的方法[J]. 岩土工程学报,2013,35(S1):52—56.

[43] Zheng H, Sun G,Liu D. A practical procedure for searching critical slip surfaces of slopes based on the strength reduction technique[J]. Computers and Geotechnics, 2009,(36):1—5.

[44] 孙聪,李春光,郑宏. 基于整体稳定性分析法的边坡临界滑动面搜索[J]. 岩土力学,2013,34(9):2583—2588.

[45] Jing C J, Yamagami T. Charts for estimating strength parameters from slips in homogeneous slopes[J]. Computers and Geotechnics,2006,(33):294—304.

[46] 朱大勇,张四维. 边坡稳定性计算新方法[C]//第五届全国工程地质大会文集,1996:577—582.

[47] 蒋方辉,徐秉业. 滑移线法的研究及应用[J]. 清华大学学报(自然科学版),1986,26(3):95—103.

[48] 徐秉业. 塑性力学教学研究和学习指导[M]. 北京:清华大学出版社,1993.

[49] 阮怀宁. 滑移线场理论与断层力学研究进展[J]. 河海科技进展,1993,11(3):22—28.

[50] 赵均海,马淑芳,魏雪英. 基于统一滑移线场理论的边坡稳定分析[J]. 长安大学学报(建筑与环境科学版),2003,20(4):1—4.

[51] 陈祖煜,汪小刚,杨健. 岩质边坡稳定性分析原理方法程序[M]. 北京:中国水利水电出版社,2003.

[52] 朱以文,吴春秋,蔡元奇. 基于滑移线场理论的边坡滑裂面确定方法[J]. 岩石力学与工程学报,2005,24(15):2609—2616.

[53] Zheng H, Liu D F,Li C G. Slope stability analysis based on elasto-plastic finite element method [J]. International Journal for Numerical Methods in Engineering, 2005,(64):1871—1888.

[54] 张国祥,刘宝琛. 潜在滑移面理论及其在边坡分析中的应用[M]. 长沙:中南大学出版

社,2003.

[55] 任高峰. 基于位移反分析法的深凹边坡形状力学优化研究[D]. 武汉:武汉理工大学,2005.

[56] 高广岩,张天宝. 高堆石坝合理边坡形状的静力有限元分析[J]. 四川大学学报(工程科学版),2002,34(1):28—31.

[57] 张天宝,张立勇,敖天其. 土坝和土石坝合理边坡设计研究[J]. 水力发电学报,1985,(3):28—38.

[58] 方宏伟. 对有限元法计算主动土压力的研究——以新上海广场基坑工程项目为例[D]. 沈阳:东北大学,2006.

[59] 方宏伟. 边坡稳定性的模糊积分评价与极限曲线法研究[D]. 北京:北京科技大学,2012.

[60] 陈震. 散体极限平衡理论基础[M]. 北京:水利电力出版社,1987.

[61] 钱家欢,殷宗泽. 土工原理与基础[M]. 北京:中国水利水电出版社,1996.

[62] 赵彭年. 松散介质力学[M]. 北京:地质出版社,1995.

[63] 马莉. MATLAB 数学实验与建模[M]. 北京:清华大学出版社,2010.

[64] 朱旭,李换琴,籍万新. MATLAB 软件与基础数学实验[M]. 西安:西安交通大学出版社,2008.

[65] Mathews J H, Fink K D. 数值方法(MATLAB 版)(第 4 版)[M]. 周璐,陈渝译. 北京:电子工业出版社,2005.

[66] 刘发前. 圆形填土土压力分布模式研究[D]. 上海:上海交通大学,2008.

[67] 方宏伟,李长洪,李波. 均质边坡稳定性极限曲线法[J]. 岩土力学,2014,35 (S1):156—164.

[68] 卢坤林,朱大勇,杨扬. 边坡滑面正应力构成及分布模式选择[J]. 岩土力学,2012,33(12):3741—3746.

[69] 王新珂. 土质边坡的稳定分析研究[D]. 合肥:合肥工业大学,2007.

[70] Malkawi A I H, Hassan W F, Abdulla F A. Uncertainty and reliability analysis applied to slope stability [J]. Structural Safety,2000,22:161—187.

[71] 米君楠. 参数变异性及样本容量对边坡可靠度影响的研究[D]. 杭州:浙江大学,2007.

[72] 王国体. 以土体应力状态计算边坡安全系数的方法[J]. 中国工程科学,2006,8(12):80—84.

[73] 邓东平,李亮. 水平条分法下边坡稳定性分析与计算方法研究[J]. 岩土力学,2012,33(10):3179—3188.

[74] 朱大勇,钱七虎. 严格极限平衡条分法框架下的边坡临界滑动场[J]. 土木工程学报,2000,33(5):68—74.

[75] 曾亚武,田伟明. 边坡稳定性分析的有限元法与极限平衡法的结合[J]. 岩石力学与工程学报,2005,24(S2):5355—5359.

[76] 王栋,金霞. 考虑强度各向异性的边坡稳定有限元分析[J]. 岩土力学,2008,29(3):667—672.

[77] 王成华,高文梅,李成. 粒子群优化算法搜索土坡临界非圆弧滑动面[J]. 四川建筑科学研

究,2007,33(5):79—82.

[78] 汪华斌,徐瑞春.BP神经网络在鱼洞河滑坡稳定性评价中的应用[J].长江科学院院报, 2002,19(4):62—64.

[79] 方宏伟,赵丽军.成层土质边坡稳定性极限曲线法[J].长江科学院院报,2015,32(1): 97—101.

[80] 王根龙,伍法权,张军慧.非均质土坡稳定性分析评价的刚体单元上限法[J].岩石力学与 工程学报,2008,27(S2):3425—3430.

[81] 刘华丽,朱大勇,钱七虎,等.滑面正应力分布对边坡安全系数的影响[J].岩石力学与工 程学报,2006,25(7):1323—1330.

[82] 王军,曹平.滑移线积分变换在土坡稳定性中的应用[J].长江科学院院报,2010,27(8): 54—57.

[83] 陈昌富,杨宇,龚晓南.基于遗传算法地震荷载作用下边坡稳定性分析水平条分法[J].岩 石力学与工程学报,2003,22(11):1919—1923.

[84] 曹亚星.饱和-非饱和土坡稳定性的三维极限平衡分析[D].天津:天津大学,2006.

附录 A　均质边坡极限曲线法程序

SCM 计算程序

```
%%%定义全局变量
MaxPoint=2000;
MaxValue=2000;
for i=1:1:MaxPoint
    for j=1:1:MaxPoint
        PointValue{i,j}=[MaxValue,MaxValue,MaxValue,0,0,0];
    end
end
%%%输入初始值
Gamma=20;                   %%验证程序误差时取容重为 0
C=42;
Phi=(17/180 pi);
Alpha0=(50/180 pi);
H=24;
P0=Ccot(Phi)(1+sin(Phi))exp((pi-2(Alpha0))tan(Phi))/(1-sin(Phi));
%%坡顶极限荷载
Pmin=Ccot(Phi)(1+sin(Phi))/(1-sin(Phi));          %%最小荷载
P1=Pmin;                                          %%荷载赋值
BuchangX=0.02;              %%坡顶计算步长,为试算值
N1=850;                     %%区域一分割数,最大 999
N2=0;                       %%区域二分割数,P1=Pmin 时取 0
if P1<Pmin
    101
    break
end
%%%开始计算
X_3=-H/tan(Alpha0);
Y_3=H;
Y_3_0=H;
X_3_2_1=0;
Y_3_2_1=0;
```

```
Y_3_2_1_0=0;
Mu=pi/4-Phi/2;
%k=tan(pi-Alpha0);                    %%坡面斜率
Point_0_0={0,0,0,0,0,0};
Count1=(N1+1)(N1+2)/2;                %%%区域一节点数
Count2=(N1+1)N2;                      %%%区域二节点数
Count3=N1(N1+1)/2 ;                   %%%区域三节点数
Count=Count1+Count2+Count3;          %%%节点总数
   %%%计算第一区域
    Sigma1=P1/(1+sin(Phi));
    Theta1=pi/2;
          I=0;
        for i=1:1:(N1+1)
          for j=i:-1:1
            if(j==i)
              PointValue{i,j}=[X_3_2_1+(N1+1-i),BuchangX,Y_3_2_1,
Y_3_2_1,Theta1,Sigma1,Sigma1];
              I=I+1;
              Point{I}=[i,j];
            else
              p1=PointValue{i,j+1};
              p2=PointValue{i-1,j};
              x1=p1(1);
              y1=p1(2);
              o1=p1(4);
              q1=p1(5);
              x2=p2(1);
              y2=p2(2);
              o2=p2(4);
              q2=p2(5);
dd=callfun(x1,y1,o1,q1,x2,y2,o2,q2,Mu,Phi,Gamma);
      PointValue{i,j}=[dd(1),dd(2),dd(3),dd(4),dd(5),dd(6)];
              I=I+1;
              Point{I}=[i,j];
            end
          end
        end
%%%计算第二区域
```

```
DetaXita=cot(Phi)log(P1(1-sin(Phi))/(C cot(Phi)(1+sin(Phi))))/2;
        for i=(N1+1+1):1:(N1+1+N2)
            ii=i-(N1+1);
            Theta2=Theta1+ii  DetaXita/N2;
            Sigma2=P1 exp((pi-2 Theta2)tan(Phi))/(1+sin(Phi));
            for j=(1+N1):-1:1
                if(j==(1+N1))
             PointValue{i,j}=[0,0,0,Theta2,Sigma2,Sigma2];
                    I=I+1;
                    Point{I}=[i,j];
                else
                    p1=PointValue{i,j+1};
                    p2=PointValue{i-1,j};
                    x1=p1(1);
                    y1=p1(2);
                    o1=p1(4);
                    q1=p1(5);
                    x2=p2(1);
                    y2=p2(2);
                    o2=p2(4);
                    q2=p2(5);
dd=callfun(x1,y1,o1,q1,x2,y2,o2,q2,Mu,Phi,Gamma);
PointValue{i,j}=[dd(1),dd(2),dd(3),dd(4),dd(5),dd(6)];
                    I=I+1;
                    Point{I}=[i,j];
                end
            end
        end
    %%%计算第三区域
    Sigma3=Ccot(Phi)/(1-sin(Phi));
    for i=(N1+1+N2+1):1:(N1+1+N2+N1)
        for j=(N1+1+N2+N1+1-i):-1:1
            if(j==(N1+1+N2+N1+1-i))
                p1=PointValue{i-1,j+1};
                p2=PointValue{i-1,j};
                x1=p1(1);
                y1=p1(2);
                o1=p1(4);
```

```
                    q1=p1(5);
                    x2=p2(1);
                    y2=p2(2);
                    o2=p2(4);
                    q2=p2(5);
dd=callfan(x1,y1,o1,q1,x2,y2,o2,q2,Mu,Phi,Gamma        %%求坡面曲线坐标值
PointValue{i,j}=[dd(1),dd(2),dd(3),dd(4),Sigma3,Sigma3];
                    I=I+1;
                    Point{I}=[i,j];
                    else
                    p1=PointValue{i,j+1};
                    p2=PointValue{i-1,j};
                    x1=p1(1);
                    y1=p1(2);
                    o1=p1(4);
                    q1=p1(5);
                    x2=p2(1);
                    y2=p2(2);
                    o2=p2(4);
                    q2=p2(5);
dd=callfun(x1,y1,o1,q1,x2,y2,o2,q2,Mu,Phi,Gamma);
PointValue{i,j}=[dd(1),dd(2),dd(3),dd(4),dd(5),dd(6)];
                    I=I+1;
                    Point{I}=[i,j];
                end
            end
        end
    %%%坐标变换
    for k=1:1:I
            i=Point{k}(1);
            j=Point{k}(2);
        p=PointValue{i,j};
            p(1)=p(1)-X_3;
            p(2)=Y_3-p(2);
            p(3)=Y_3-p(3);
            PointValue{i,j}=[p(1),p(2),p(2),p(4),p(5),p(6)];
end
    Y_3_0=Y_3-Y_3_0;
```

```
Y_3_2_1_0=Y_3-Y_3_2_1_0;
%%%画图
CountAlpha=2N1+N2+1;
CountBeta=N1+1;
%%画 Alpha 线
for i=1:1:CountAlpha
    UN_0=0;
    for j=1:1:CountBeta
      p=PointValue{i,j};
      if p(1)~=MaxValue || p(2)~=MaxValue
          UN_0=UN_0+1;
      end
    end
    x_p=zeros(1,UN_0);
    y_p=zeros(1,UN_0);
UN_0=0;
    for j=1:1:CountBeta
      p=PointValue{i,j};
      if p(1)~=MaxValue || p(2)~=MaxValue
          UN_0=UN_0+1;
          x_p(1,UN_0)=p(1);
          y_p(1,UN_0)=p(2);
      end
    end
hold on
    plot(x_p,y_p)
end
%%画 Beta 线
for j=1:1:CountBeta
    UN_0=0;
    for i=1:1:CountAlpha
      p=PointValue{i,j};
      if p(1)~=MaxValue||p(2)~=MaxValue
          UN_0=UN_0+1;
      end
    end
    x_p=zeros(1,UN_0);
    y_p=zeros(1,UN_0);
```

```
    UN_0=0;
     for i=1:1:CountAlpha
       p=PointValue{i,j};
       if p(1)~=MaxValue || p(2)~=MaxValue
           UN_0=UN_0+1;
           x_p(1,UN_0)=p(1);
           y_p(1,UN_0)=p(2);
       end
     end
     hold on
     plot(x_p,y_p)
end
%%画坡顶水平线
Y_3_0;
Y_3_2_1_0;
UN_0=0;
for j=1:1:CountBeta
    for i=1:1:CountAlpha
       p=PointValue{i,j};
       if  p(2)==Y_3_2_1_0
           UN_0=UN_0+1;
       end
    end
end
x_p=zeros(1,UN_0);
y_p=zeros(1,UN_0);
UN_0=0;
for j=1:1:CountBeta
    for i=1:1:CountAlpha
       p=PointValue{i,j};
       if p(2)==Y_3_2_1_0
           UN_0=UN_0+1;
           x_p(1,UN_0)=p(1);
           y_p(1,UN_0)=p(2);
        end
    end
end
hold on
```

```
plot(x_p,y_p)
%%画坡面线
X_3=0;
Y_3_0=0;
X_3_2_1=H/tan(Alpha0);
Y_3_2_1_0=H;
x_po=zeros(1,2);
y_po=zeros(1,2);
x_po(1,1)=X_3;
y_po(1,1)=Y_3_0;
x_po(1,2)=X_3_2_1;
y_po(1,2)=Y_3_2_1_0;
hold on
plot(x_po,y_po )
%%画优化曲线
x_xie=zeros(1,CountBeta);
y_xie=zeros(1,CountBeta);
UN_0=0;
for j=1:1:CountBeta
    for i=1:1:CountAlpha
      p=PointValue{i,j};
      if p(1)~=MaxValue || p(2)~=MaxValue
          x_xie(1,j)=p(1);
          y_xie(1,j)=p(2);
      end
    end
end
hold on
plot(x_xie,y_xie,'r')
%%%画三角形
x_sj=zeros(1,3);
y_sj=zeros(1,3);
x_sj(1,1)=0;
y_sj(1,1)=0;
x_sj(1,2)=H/tan(Alpha0);
y_sj(1,2)=0;
x_sj(1,3)=H/tan(Alpha0);
y_sj(1,3)=H;
```

```
   hold on
   plot(x_sj,y_sj,'k')
%%%求优化曲线拟合函数和安全度,破坏度
syms a b c x kk
p_yh=polyfit(x_xie,y_xie,2);            %%求二次拟合函数的参数
a=p_yh(1);
b=p_yh(2);
c=p_yh(3);
px=poly2str(p_yh,'x');                  %%求二次拟合函数
fpx=p_yh(1) x^2+p_yh(2) x^1+p_yh(3);    %%求积分的拟合函数
x11=spline(y_xie,x_xie,0)               %%积分下限,破坏判断标准:x11<0
x22=H/tan(Alpha0)                        %%积分上限
s=int(fpx,x11,x22);
area1=eval(s);                          %%优化曲线覆盖面积
area2=(x22)H/2;                         %%三角形面积
area3=area2-area1;                      %%安全面积
kk=tan(Alpha0);                         %%求二次拟合函数和坡面的有效交点:
x1_F∈(0,H/tan(Alpha0))
solve('a x^2+(b-kk)x^1+c=0',x);
x1_F=-(b-kk+(b^2-2bkk+kk^2-4ac)^(1/2))/(2a)    %%无效交点:x1_F<0
x2_F=(kk-b+(b^2-2bkk+kk^2-4ac)^(1/2))/(2a);
if(x11<0)
      PO_huai_du=-x1_F/(H/tan(Alpha0))  %%破坏度
      k                                 %%节点总数
      y=PointValue{2N1+N2+1,1}(2)        %%最小 y 值,满足 y<-1
else
    AN_quan_du=area3/area2              %%安全度
    k
    y=PointValue{2N1+N2+1,1}(2)
end
```

callfan 函数:

```
function dd=callfan(x1,y1,o1,p1,x2,y2,o2,p2,u,fan,r)
    dd(1)=(x1 tan(o1)-x2 tan(o2+u)-(y1-y2))/(tan(o1)-tan(o2+u));
    dd(2)=(dd(1)-x1)tan(o1)+y1;
    dd(3)=(dd(1)-x2)tan(o2+u)+y2;
dd(4)=((p2-p1)+2(p2o2+p1o1)tan(fan)+r(y1-y2)+r(2dd(1)-x1-x2)tan(fan))/
(2(p2+p1)tan(fan));
    end
```

callfun 函数：

```
function dd=callfun(x1,y1,o1,p1,x2,y2,o2,p2,u,fan,r)
    dd(1)=(x1 tan(o1-u)-x2 tan(o2+u)-(y1-y2))/(tan(o1-u)-tan(o2+u));
    dd(2)=(dd(1)-x1)tan(o1-u)+y1;
    dd(3)=(dd(1)-x2)tan(o2+u)+y2;
dd(4)=((p2-p1)+2(p2o2+p1o1)tan(fan)+r(y1-y2)+r(2dd(1)-x1-x2)tan(fan))/
(2(p2+p1)tan(fan));
    dd(5)=p1+2p1(dd(4)-o1)tan(fan)+r(dd(2)-y1)-r(dd(1)-x1)tan(fan);
    dd(6)=p2-2p2(dd(4)-o2)tan(fan)+r(dd(2)-y2)+r(dd(1)-x2)tan(fan);
end
```

CCM 计算程序

```
%%%已知参数
Gamma=20;
C=42;
Phi=(17/180  pi);
Alpha0=(50/180  pi);
H=24;
N1=24000;                              %%剖分数
Buchangx=(H/tan(Alpha0))/N1;
%%%画坡体
X_3=0;
Y_3=0;
X_3_2_1=H/tan(Alpha0);
Y_3_2_1=H;
x_po=zeros(1,3);
y_po=zeros(1,3);
x_po(1,1)=X_3;
y_po(1,1)=Y_3;
x_po(1,2)=X_3_2_1;
y_po(1,2)=Y_3_2_1;
x_po(1,3)=H/tan(Alpha0)+N1  Buchangx;
y_po(1,3)=Y_3_2_1;
hold on
plot(x_po,y_po ,'b')
%%%画已有研究成果曲线
x_c=zeros(1,N1+1);
bc_x=-(H/tan(Alpha0))/N1;
```

```
y_c=zeros(1,N1+1);
aa=2C(1+sin(Phi))/((1-sin(Phi))  Gamma);
UN_0=0;
for j=1:1:N1+1
    UN_0=UN_0+1;
    p1=(j-1)bc_x;
    x_c(1,UN_0)=p1+H/tan(Alpha0);
    mm=p1/aa;
    p2=H-(aa(pi/2-exp(mm))-p1 tan(Phi));
    y_c(1,UN_0)=p2;
end
hold on
plot(x_c,y_c,'r')
%%%画极限坡顶曲线
x_cpo=zeros(1,2);
y_cpo=zeros(1,2);
x_cpo(1,1)=H/tan(Alpha0);
y_cpo(1,1)=y_c(1,1);
x_cpo(1,2)=H/tan(Alpha0)+N1 Buchangx;
y_cpo(1,2)=y_c(1,1);
hold on
plot(x cpo,y_cpo,'r')
%%%画三角形
x_sj=zeros(1,3);
y_sj=zeros(1,3);
x_sj(1,1)=0;
y_sj(1,1)=0;
x_sj(1,2)=H/tan(Alpha0);
y_sj(1,2)=0;
x_sj(1,3)=H/tan(Alpha0);
y_sj(1,3)=H;
hold on
plot(x_sj,y_sj,'k')
%%%求优化曲线拟合函数和安全度,破坏度
syms a b c x kk
p_yh=polyfit(x_c,y_c,2)  ;                %%求二次拟合函数的参数
a=p_yh(1);
b=p_yh(2);
```

```
c=p_yh(3);
px=poly2str(p_yh,'x')                    %%求二次拟合函数
fpx=p_yh(1)x^2+p_yh(2)x^1+p_yh(3);       %%求积分的拟合函数
x11=spline(y_c,x_c,0)                    %%积分下限,破坏判断标准:x11<0
x22=H/tan(Alpha0)                        %%积分上限
s=int(fpx,x11,x22);
area1=eval(s);                           %%优化曲线覆盖面积
area2=(x22)H/2;                          %%三角形面积
area3=area2-area1;                       %%安全面积
kk=tan(Alpha0);                          %%求二次拟合函数和坡面的有效交点:
solve('a x^2+(b-kk)x^1+c=0',x);
x1_F=-(b-kk+(b^2-2bkk+kk^2-4ac)^(1/2))/(2a);
x2_F=(kk-b+(b^2-2bkk+kk^2-4ac)^(1/2))/(2a);
if(x11<0)
    PO_huai_du=-x1_F/(H/tan(Alpha0))     %%破坏度
else
    AN_quan_du=area3/area2               %%安全度
end
```

附录 B   成层土质边坡极限曲线法程序

function main01   %主程序

%含有九个子程序："read01 读区域范围和材料参数"；"gui0_begin 归零""hanshu_CL 计算相关的材料参数""math_2""math_3""math_JX""no_node 判某所在料域"

%plot_DD1 D 与 D1 材料区域不同时绘图"；"write1 输出""write2 输出""read 多个输出"

global xxx1 xxx2 yyy1 yyy2 kkk0 bbb0

global cailiao1_x cailiao1_y cailiao1_k cailiao1_b cailiao1

global cailiao num_CL_dian num_CL

%cailiao 三维矩阵(不同种类参数(第一行点的 x 坐标；第二行点的 y 坐标；

%第三行围成区域各条直线(12 节点为第一条，23 节点…)识别码(1 为区域上边界、2 为区域下边界，0 为竖直边界)；

%第四行围成区域各条直线函数的 k 值；第五行围成区域第一条直线函数的 b 值；)；围成区域节点的个数；材料种类数)

%注意：设置每个区域节点数量相同，且有直线数=节点数

%global node_all_x node_all_y node_all_sit node_all_stress node_all_r node_all_fai node_all_C node_all_E node_all_mui   %总点阵 7 个参数 不用 global node_all_0 num_10

%第 3 维共 10 个参数依次为 x,y,sit,stress,r,fai,C,E,miu,NO 材料区域号

global num_node   %总点阵的行列相同为 num_node

global cailiao1_Crfai %行表示不同材料；第一列 C；第二列 fai；第三列 r；第四列 E；第一列 mui；

global node_ls

global noA_node noB_node noD_node   noD1_node nols_node

%noA1_node noB1_node noA2_node noB2_node

global noA0_node noB0_node

global nols01_node nols02_node   %nols01_node 为临时存储 A1 或 B1 点；nols02_node 为临时存储 A2 或 B2 点

global math3_kk math3_sit_12   %math3_kk 为公式 3 里计算 sit_k 时的里面'k'参数取值；

math3_sit_12 为计算 sit_k 时选用哪个公式(=1 选被动情况；=2 选主动情况)，在主程序初始赋值

global node_all_A1 node_all_A2 node_all_B1 node_all_B2 %存放第一区域的附属点信息存放 A1 或 B1 的坐标(第三维还是 10 列)%存放 A2 或 B2 的坐标(第三维还是 10 列)

```
global no3i_node no3D_node %含有 10 参数临时(x, y, sit, stress, r, fai, C, E, mui, no.
即材料号)
global node_all2_A1 node_all2_A2 node_all2_B1 node_all2_B2 node_all3_AB1 node
_all3_AB2 %存放第二、三区域的附属点信息存放 A1 或 B1 的坐标(第三维还是 10 列)%存放
A2 或 B2 的坐标(第三维还是 10 列)
global YN3 YN_DD1
global x_quyu y_quyu
global x_begen
global YN_Dof NN_num      %YN_Dof 不用了
global num_ShiLi          %实例的牌号
num_ShiLi=1               %归零
    %gui0_begin           %子程序——初始归零
  放到 read 里了
    n=0;
    m=0;
    k=0;
%输参数
    num_10=10;     %固定不动 第三维的数量
    math3_kk=1;
    math3_sit_12=1;
    YN3=1;         %第三区域计算开关=1 计算
    YN_DD1=0;      %绘图 A B D D1 A0 B0 D 的开关    后面用到=1 即绘图
    YN_Dof=0;      %若计算不完 则为=1 需要计算破坏度,否则计算安全度
    %另一部分参数 放置在 下面子程序"read01"
    %read_J_a4     %子程序——均质实例与方宏伟文章里有所不同考题 a 4 种材料
    %read_J_a1     %子程序——均质实例与方宏伟文章里有所不同考题 a 1 种材料
    %read_J_b1     %子程序——均质实例与方宏伟文章里有所不同考题 b1 种材料
    %read_J_b4     %子程序——均质实例与方宏伟文章里有所不同考题 b 4 种材料
    %read         %子程序——读区域范围和材料参数用到两个 txt 文件最初张的实例
    if(num_ShiLi==1)
    read01         %子程序——读区域范围和材料参数用到两个 txt 文件第三个实例
    end
    if(num_ShiLi==21)
    read021        %子程序——读区域范围和材料参数用到两个 txt 文件第一个实例
    end
    if(num_ShiLi==22)
    read022        %子程序——读区域范围和材料参数用到两个 txt 文件第一个实例
    end
```

```
if(num_ShiLi==23)
  read023      %子程序——读区域范围和材料参数用到两个 txt 文件第一个实例
end


if(num_ShiLi==311)
  read0311     %子程序——读区域范围和材料参数用到两个 txt 文件第三个实例
end
if(num_ShiLi==312)
  read0312     %子程序——读区域范围和材料参数用到两个 txt 文件第三个实例
end
if(num_ShiLi==313)
  read0313     %子程序——读区域范围和材料参数用到两个 txt 文件第三个实例
end
if(num_ShiLi==314)
  read0314     %子程序——读区域范围和材料参数用到两个 txt 文件第三个实例
end
if(num_ShiLi==321)
  read0321     %子程序——读区域范围和材料参数用到两个 txt 文件第三个实例
end
if(num_ShiLi==322)
  read0322     %子程序——读区域范围和材料参数用到两 tx 文件第三个实例
end
if(num_ShiLi==323)
  read0323     %子程序——读区域范围和材料参数用到两个 txt 文件第三个实例
end
if(num_ShiLi==324)
  read0324     %子程序——读区域范围和材料参数用到两个 txt 文件第三个实例
end
if(num_ShiLi==41)
  read041      %子程序——读区域范围和材料参数用到两个 txt 文件第三个实例
end
if(num_ShiLi==42)
  read042      %子程序——读区域范围和材料参数用到两个 txt 文件第三个实例
end
if(num_ShiLi==5)
  read05       %子程序——读区域范围和材料参数用到两个 txt 文件第三个实例
end
if(num_ShiLi==6)
```

```
    read06          %子程序——读区域范围和材料参数用到两个 txt 文件第三个实例
  end
  if(num_ShiLi==7)
    read07          %子程序——读区域范围和材料参数用到两个 txt 文件第三个实例
  end
  %计算材料的相关参数
  hanshu_CL    %子程序——计算相关的材料参数(包括边界线及材料性能)
  %计算上边界划分点横纵坐标
  %[适用于初始边界线为水平直线且为输入的第一条 hanshu_read_xy012.m]
  %linsa=(cailiao(1,2,1)-cailiao(1,1,1))/(num_node-1);%不用个
  linsa=x_begen/(num_node-1);    %上边界划分
  for m=1:num_node
      %node_all_0(1,m,1)=cailiao(1,1,1)+linsa(m-1);%
      node_all_0(1,m,1)=0+linsa(m-1);%
      node_all_0(1,m,2)=cailiao(2,1,1);
      node_all_0(1,m,5)=cailiao1_Crfai(1,1);
      yy5=cailiao1_Crfai(1,2);
      node_all_0(1,m,6)=cailiao1_Crfai(1,2);
      node_all_0(1,m,7)=cailiao1_Crfai(1,3);
      node_all_0(1,m,8)=cailiao1_Crfai(1,4);
      node_all_0(1,m,9)=cailiao1_Crfai(1,5);
      node_all_0(1,m,3)=pi/2;
Pmin=node_all_0(1,m,7)
cot(node_all_0(1,m,6))
(1+sin(node_all_0(1,m,6)))/(1-sin(node_all_0(1,m,6)));
      node_all_0(1,m,4)=Pmin/(1+sin(node_all_0(1,m,6)));
      node_all_0(1,m,10)=1;
      %node_all_x(1,m)=cailiao(1,1,1)+linsa  (m-1);
      %node_all_y(1,m)=cailiao(2,1,1);
      %node_all_r(1,m)=cailiao1_Crfai(1,1);
      %node_all_fai(1,m)=cailiao1_Crfai(1,2);
      %node_all_C(1,m)=cailiao1_Crfai(1,3);
      %node_all_E(1,m)=cailiao1_Crfai(1,4);
      %node_all_mui(1,m)=cailiao1_Crfai(1,5);
      %node_all_sit(1,m)=pi/2;
%Pmin=node_all_C(1,m)
cot(node_all_fai(1,m))
(1+sin(node_all_fai(1,m)))/(1-sin(node_all_fai(1,m)));
```

```
       %node_all_stress(1,m)=Pmin/(1+sin(node_all_fai(1,m)));
   end
Pmin
%计算三角形点(第一区)
  for n=1:num_node-1
    for m=n:num_node-1    %初始点开始循环计算倒三角形点阵
        n;
        m;
                tem11=0;
                tem12=0;
                tem13=0;
                tem14=0;
                %先利用 AB 计算 D 点
                noA_node=0;    %先归零
                noB_node=0;
                noA0_node=0;    %第二公式初始用到的两点
                noB0_node=0;
                for k=1:num_10
                        noA_node(1,k)=node_all_0(n,m,k);        %总点阵
                        noB_node(1,k)=node_all_0(n,m+1,k);        %总点阵
                        noA0_node(1,k)=noA_node(1,k);
                %第二公式初始用到的两点为计算 D 点将 A\B 赋给 A0\B0
                        noB0_node(1,k)=noB_node(1,k);
                end
                noD_node=0;    %先归零
                nols_node=0;
                node_ls=0;
        math_2;  %子程序——第二公式 2 计算 D 点 返回临时变量矩阵 nols_node
                noD_node(1,1)=nols_node(1,1);
                noD_node(1,2)=nols_node(1,2);
                noD_node(1,3)=nols_node(1,3);
                noD_node(1,4)=nols_node(1,4);
                node_ls(1,1)=noD_node(1,1);
                node_ls(1,2)=noD_node(1,2);
                no_node;  %子程序——判某所在料域返回 node_ls 的第三列区域号
                noD_node(1,10)=node_ls(1,3);
                for k=5:9
                    noD_node(1,k)=cailiao1_Crfai(noD_node(1,10),k-4);
```

```
                end
% 判断 A B D 的材料区域进行分析找到真正的 D 或 D1 点          tem11=noA_node(1,
10);    % 提取 ABD 三点的材料号
                tem12=noB_node(1,10);
                tem13=noD_node(1,10);
            % 如果 A 与 B 同材料 tem11==tem12
        if(tem11==tem12)
         if(tem11==tem13)% 如果 A 与 D 同材料 tem11==tem13
        for k=1:num_10
                node_all_0(n+1,m+1,k)=noD_node(1,k);   % 总点阵
                    end
                end
            end    % if(tem11==tem12)
            % 如果 A 与 B 不同材料 tem11~=tem12
            if(tem11~=tem12)
             if(tem11==tem13)% 如果 A 与 D 同材料 tem11~=tem12   tem11==tem13
                    'tem11~=tem12   tem11==tem13'
                    % 找 B 点的折射点 B2
                    '找 B 点的折射点 B2';
                    no3i_node=0;   % 先归零
                    no3D_node=0;
                    for k=1:num_10
                    no3i_node(1,k)=noB_node(1,k);% 赋值到公式 3 里用到的临
时点
                        no3D_node(1,k)=noD_node(1,k);
                    end
    math_3; % 子程序——第三公式 3 返回临时变量矩阵 nols01_node   nols02_node
                    for k=1:num_10
                node_all_B1(n,m+1,k)=nols01_node(1,k);
    % 将公式 3 返回的变量赋值给总节点的附属部分 m+1 表示此次为 B 点的折射点
                    node_all_B2(n,m+1,k)=nols02_node(1,k);
                    end
                    % 由刚找到的 A 和 B2 计算新的 D1
                    '由刚找到的 A 和 B2 计算新的 D1';
                    noA0_node=0;    % 第二公式初始用到的两点
                    noB0_node=0;
                    tem14=0;
                    for k=1:num_10
```

```
                    noA0_node(1,k)=noA_node(1,k);
%第二公式初始用到的两点为计算 D 点将 A\B 赋给 A0\B0
                    noB0_node(1,k)=node_all_B2(n,m+1,k);
                end
                noD1_node=0;    %先归零
                nols_node=0;
                node_ls=0;
        math_2; %子程序——第二公式 2 计算 D 点返回临时变量矩阵 nols_node
                noD1_node(1,1)=nols_node(1,1);
                noD1_node(1,2)=nols_node(1,2);
                noD1_node(1,3)=nols_node(1,3);
                noD1_node(1,4)=nols_node(1,4);
                node_ls(1,1)=noD1_node(1,1);
                node_ls(1,2)=noD1_node(1,2);
        no_node; %子程序——判某所在料域返回 node_ls 的第三列区域号
                noD1_node(1,10)=node_ls(1,3);
                tem14=noD1_node(1,10);   %D1 的材料区域号
                if(tem14==tem13)        %如果 D 与 D1 同材料
                    for k=5:9
                    noD1_node(1,k)=noD_node(1,k);
                    end
                    for k=1:num_10
                    node_all_0(n+1,m+1,k)=noD1_node(1,k);   %总点阵
                    end
                else
                    %以下为输出内容 担心 D 与 D1 材料区域不同
                    YN_DD1=1
                    plot_DD1;%子程序——D 与 D1 材料区域不同时绘图
                    'D D1 材料区域不同'
                end
            end      %如果 A 与 D 同材料 tem11~=tem12  tem11==tem13
            if(tem12==tem13)
%如果 B 与 D 同材料 tem11~=tem12 tem12==tem13 'tem11~=tem12 tem12==tem13'
                %找 A 点的折射点 A2
                '找 A 点的折射点 A2';
                no3i_node=0;   %先归零
                no3D_node=0;
                for k=1:num_10
```

```
            no3i_node(1,k)=noA_node(1,k);%赋值到公式3里用到的临时点
                no3D_node(1,k)=noD_node(1,k);
                    end
    math_3; %子程序——第三公式3返回临时变量矩阵 nols01_node nols02_node
                for k=1:num_10
                    node_all_A1(n,m,k)=nols01_node(1,k);
%将公式3返回的变量赋值给总节点的附属部分m表示此次为A点的折射点
                    node_all_A2(n,m,k)=nols02_node(1,k);
                end
                % 由刚找到的A2和B计算新的D1
                '由刚找到的A2和B计算新的D1';
                noA0_node=0;    %第二公式初始用到的两点
                noB0_node=0;
                tem14=0;
                for k=1:num_10
                    noA0_node(1,k)=node_all_A2(n,m,k);
            %第二公式  初始用到的两点为计算D点将 A\B 赋给 A0\B0
                    noB0_node(1,k)=noB_node(1,k);
                end
                noD1_node=0;    %先归零
                nols_node=0;
                node_ls=0;
    math_2; %子程序——第二公式2计算D点返回临时变量矩阵 nols_node
                noD1_node(1,1)=nols_node(1,1);
                noD1_node(1,2)=nols_node(1,2);
                noD1_node(1,3)=nols_node(1,3);
                noD1_node(1,4)=nols_node(1,4);
                node_ls(1,1)=noD1_node(1,1);
                node_ls(1,2)=noD1_node(1,2);
    no_node; %子程序——判某所在料域返回 node_ls 的第三列区域号
                noD1_node(1,10)=node_ls(1,3);
                tem14=noD1_node(1,10);    %D1的材料区域号
                if(tem14==tem13)        %如果D与D1同材料
                    for k=5:9
                    noD1_node(1,k)=noD_node(1,k);
                    end
                    for k=1:num_10
            node_all_0(n+1,m+1,k)=noD1_node(1,k);    %总点阵
```

```
                end
            else
        %以下为输出内容 D 与 D1 材料区域不同
                YN_DD1=1
        plot_DD1;%子程序——D 与 D1 材料区域不同时绘图
                'D D1 材料区域不同'
            end
        end  %如果 A 与 D 同材料  tem11~=tem12  tem12==tem13
    end  %if(tem11~=tem12)
        %如果 A 与 D 不同 B 与 D 不同,不管 AB 是否相同 tem11~=tem12
        if((tem11~=tem13)&&(tem12~=tem13))
%只要 A 与 D 不同 B 与 D 不同,不管 AB 是否相同材料 tem11~=tem12 tem11~=tem13
tem12~=tem13
            '(tem11~=tem13)&&(tem12~=tem13)';
        %if(tem11~=tem13)    %如果 A 与 D 不同材料    tem11~=tem13
            % 找 A 点的折射点 A2
            '找 A 点的折射点 A2';
            %noA_node
            no3i_node=0;   %先归零
            no3D_node=0;
            for k=1:num_10
            no3i_node(1,k)=noA_node(1,k);%赋值到公式 3 里用到的临时点
                no3D_node(1,k)=noD_node(1,k);
            end
            %no3i_node
            %no3D_node
    math_3; %子程序——第三公式 3 返回临时变量矩阵 nols01_node nols02_node
            for k=1:num_10
node_all_A1(n,m,k)=nols01_node(1,k);
    %将公式 3 返回的变量赋值给总节点的附属部分 m 表示此次为 A 点的折射点
            node_all_A2(n,m,k)=nols02_node(1,k);
            end
        % 找 B 点的折射点 B2
            '找 B 点 的 折射点 B2';
            no3i_node=0;   %先归零
            no3D_node=0;
            for k=1:num_10
        no3i_node(1,k)=noB_node(1,k);%赋值到公式 3 里用到的临时点
```

```
                    no3D_node(1,k)=noD_node(1,k);
                    end
                    %noD_node
    math_3;  %子程序——第三公式3返回临时变量矩阵nols01_node  nols02_node
                    for k=1:num_10
node_all_B1(n,m+1,k)=nols01_node(1,k);
    %将公式3返回的变量赋值给总节点的附属部m+1表示此次为B点的折射点
                        node_all_B2(n,m+1,k)=nols02_node(1,k);
                    end
    %由刚找到的A2和B2计算新的D1'由刚找到的A2和B2计算新的D1';
                    noA0_node=0;    %第二公式初始用到的两点
                    noB0_node=0;
                    tem14=0;
                    for k=1:num_10
                        noA0_node(1,k)=node_all_A2(n,m,k);
    %第二公式初始用到的两点为计算D点将A\B赋给A0\B0
                        noB0_node(1,k)=node_all_B2(n,m+1,k);
                    end
                    noD1_node=0;    %先归零
                    nols_node=0;
                    node_ls=0;
        math_2; %子程序——第二公式2计算D点返回临时变量矩阵nols_node
                    noD1_node(1,1)=nols_node(1,1);
                    noD1_node(1,2)=nols_node(1,2);
                    noD1_node(1,3)=nols_node(1,3);
                    noD1_node(1,4)=nols_node(1,4);
                    node_ls(1,1)=noD1_node(1,1);
                    node_ls(1,2)=noD1_node(1,2);
                    no_node;
    %子程序——判某所在料域返回node_ls的第三列区域号
                    noD1_node(1,10)=node_ls(1,3);
                    tem14=noD1_node(1,10);    %D1的材料区域号
                    if(tem14==tem13)          %如果D与D1同材料
                        for k=5:9
                        noD1_node(1,k)=noD_node(1,k);
                        end
                        for k=1:num_10
                        node_all_0(n+1,m+1,k)=noD1_node(1,k);    %总点阵
```

```
                        end
                    else
                        %以下为输出内容担心 D 与 D1 材料区域不同
                            YN_DD1=1
            plot_DD1;%子程序——D 与 D1 材料区域不同时绘图'D D1 材料区域不同'
                            end
                    %end
%if(tem11~=tem13)
                    end
    %如果 A 与 B 与 D 互为不同材料 tem11~=tem12   tem11~=tem13   tem12~=tem13
            %if(n==3&&m==2)
            %break
            %end
        end
            %m
    end
            %n
计算第二、三区域 if(YN3==1)
  for n=2:num_node%-1
    for m=n:-1:2    %初始点开始循环计算倒三角形点阵
        'YN3=1';
        n;
        m;
        if(m==2)    %%%%计算第三区域的极限点 m==2 %%
                tem11=0;
                tem12=0;
                tem13=0;
                tem14=0;
                %先利用 AB 计算 D 点
                noA_node=0;  %先归零
                noB_node=0;
                noA0_node=0;    %第二公式初始用到的两点
                noB0_node=0;
                for k=1:num_10
                noA_node(1,k)=node_all_0(n-1,m-1,k);        %总点阵
                    noB_node(1,k)=node_all_0(n,m,k);        %总点阵
                    noA0_node(1,k)=noA_node(1,k);
            %第二公式初始用到的两点为计算 D 点将 A\B 赋给 A0\B0
```

```
                noB0_node(1,k)=noB_node(1,k);
            end
            %noA_node(:,1)
            %noA_node(:,2)
            %noB_node(:,1)
            %noB_node(:,2)
            noD_node=0;    %先归零
            nols_node=0;
            node_ls=0;
        math_JX; %子程序——极限公式计算 D 点返回临时变量矩阵 nols_node
            noD_node(1,1)=nols_node(1,1);
            noD_node(1,2)=nols_node(1,2);
            noD_node(1,3)=nols_node(1,3);
            node_ls(1,1)=noD_node(1,1);
            node_ls(1,2)=noD_node(1,2);
            %noD_node
            no_node;
        %子程序——判某所在料域返回 node_ls 的第三列区域号
            noD_node(1,10)=node_ls(1,3);
            if(node_ls(1,3)==0)        %breal
                NN_num=n
                YN_Dof=1
                break
            end
            for k=5:9
                noD_node(1,k)=cailiao1_Crfai(noD_node(1,10),k-4);
            end
noD_node(1,4)=noD_node(1,7)
cot(noD_node(1,6))/(1-sin(noD_node(1,6)));
%与公式 2 不同,用 D 点的参数计算得到
%判断 A B D 的材料区域进行分析找到真正的 D 或 D1 点
            tem11=noA_node(1,10); %提取 ABD 三点的材料号
            tem12=noB_node(1,10);
            tem13=noD_node(1,10);
        %如果 A 与 B 同材料 tem11==tem12
        if(tem11==tem12)
        if(tem12==tem13)
                for k=1:num_10
```

```
                    node_all_0(n,m-1,k)=noD_node(1,k);    %总点阵
                    end
         end   %if(tem12==tem13)
         end   %if(tem11==tem12)
         if(tem12==tem13)
if(tem11~=tem13)                   %如果 A 与 D 同材料
                    tem11~=tem12
                    tem11==tem13
                    'tem12~=tem13 ';
         %找 A 点的折射点 A2'找 A 点的折射点 A2';
                    no3i_node=0;    %先归零
                    no3D_node=0;
                    for k=1:num_10
                    no3i_node(1,k)=noA_node(1,k);
         %赋值到公式 3 里用到的临时点
                    no3D_node(1,k)=noD_node(1,k);
                    end
    math_3; %子程序——第三公式 3 返回临时变量矩阵 nols01_node  nols02_node
                    for k=1:num_10
node_all3_AB1(n-1,m-1,k)=nols01_node(1,k);
 %将公式 3 返回的变量赋值给总节点的附属部分 m+1 表示此次为 B 点的折射点
node_all3_AB2(n-1,m-1,k)=node_all3_AB1(n-1,m-1,k);
 % 与其他不同之处 2 点=1 点
                    end
 % 由刚找到的 A2 和 B 计算新的 D1    '由刚找到的 A2 和 B 计算新的 D1';
                    noA0_node=0;    %第二公式初始用到的两点
                    noB0_node=0;
                    tem14=0;
                    for k=1:num_10
noA0_node(1,k)=node_all3_AB2(n-1,m-1,k);
 %第二公式 初始用到的两点为计算 D 点将 A\B 赋给 A0\B0
                    noB0_node(1,k)=noB_node(1,k);
                    end
                    noD1_node=0;    %先归零
                    nols_node=0;
                    node_ls=0;
                    math_JX;
         %子程序——极限公式计算 D 点返回临时变量矩阵 nols_node
```

```
          %noD1_node(1,4)=noD_node(1,4);
    %与公式2不同,用D点的参数计算得到
          noD1_node(1,1)=nols_node(1,1);
          noD1_node(1,2)=nols_node(1,2);
          noD1_node(1,3)=nols_node(1,3);
          node_ls(1,1)=noD1_node(1,1);
          node_ls(1,2)=noD1_node(1,2);
          no_node;
  %子程序——判断某材料所在区域返回node_ls的第三列区域号
          noD1_node(1,10)=node_ls(1,3);
          if(node_ls(1,3)==0)            %break
              NN_num=n
              YN_Dof=1
              break
          end
           %noD1_node
           %tem14=noD1_node(1,10)     %D1的材料区域号
          for k=5:9
          noD1_node(1,k)=cailiao1_Crfai(noD1_node(1,10),k-4);
          end
          noD1_node(1,4)=noD1_node(1,7)
          cot(noD1_node(1,6))/(1-sin(noD1_node(1,6)));
          %与公式2不同
              for k=1:num_10
              node_all_0(n,m-1,k)=noD1_node(1,k);   %总点阵
              end
      end     %如果A与D同材料
      end  %  (tem12==tem13   tem11～=tem13)
      if(tem11==tem13)
      if(tem12～=tem13)
    %如果A与D同材料tem11～=tem12  tem11==tem13  tem12～=tem13 ';
     找B点的折射点B2   '找B点的折射点B2';
              no3i_node=0;  %先归零
              no3D_node=0;
              for k=1:num_10
  no3i_node(1,k)=noB_node(1,k);赋值到公式3里用到的临时点
              no3D_node(1,k)=noD_node(1,k);
              end
```

```
                    math_3;
%子程序——第三公式 3 返回临时变量矩阵 nols01_node　nols02_node
                    for k=1:num_10
                            node_all3_AB1(n,m,k)=nols01_node(1,k);
%将公式 3 返回的变量赋值给总节点的附属部分 m+1 表示此次为 B 点的折射点
                    node_all3_AB2(n,m,k)=nols02_node(1,k);
                    end
                    %由刚找到的 A 和 B2 计算新的 D1
                    '由刚找到的 A 和 B2 计算新的 D1';
                    noA0_node=0;    %第二公式初始用到的两点
                    noB0_node=0;
                    tem14=0;
                    for k=1:num_10
                            noA0_node(1,k)=noA_node(1,k);
%第二公式 初始用到的两点为计算 D 点将 A\B 赋给 A0\B0
                    noB0_node(1,k)=node_all3_AB2(n,m,k);
                    end
                    noD1_node=0;    %先归零
                    nols_node=0;
                    node_ls=0;
                    math_JX;
%子程序——极限公式计算 D 点返回临时变量矩阵 nols_node
                    %noD1_node(1,4)=noD_node(1,4);
%与公式 2 不同，用 D 点的参数计算得到
                    noD1_node(1,1)=nols_node(1,1);
                    noD1_node(1,2)=nols_node(1,2);
                    noD1_node(1,3)=nols_node(1,3);
                    node_ls(1,1)=noD1_node(1,1);
                    node_ls(1,2)=noD1_node(1,2);
                    no_node;
%子程序——判断某材料区域 返回 node_ls 的第三列区域号
                    noD1_node(1,10)=node_ls(1,3);
                    if(node_ls(1,3)==0)       %break
                        NN_num=n
                        YN_Dof=1
                        break
                    end
                    %noD1_node
```

```
                      %tem14=noD1_node(1,10)
%D1 的材料区域号
                  for k=5:9
noD1_node(1,k)=cailiao1_Crfai(noD1_node(1,10),k-4);
                  end
noD1_node(1,4)=noD1_node(1,7)
cot(noD1_node(1,6))/(1-sin(noD1_node(1,6)));   %与公式 2 不同,


                  for k=1:num_10
                  node_all_0(n,m-1,k)=noD1_node(1,k);   %总点阵
                  end
         end      %如果 A 与 D 同材料
         end%  (tem11==tem13   tem12~=tem13)
         if((tem11~=tem13)&&(tem12~=tem13))
         %if(tem12~=tem13)
         %如果 A 与 D 同材料
         tem11~=tem12   tem11==tem13
                  '找 A 点的折射点 A2';
                  no3i_node=0;   %先归零
                  no3D_node=0;
                  for k=1:num_10
                  no3i_node(1,k)=noA_node(1,k);
%赋值到公式 3 里用到的临时点
                  no3D_node(1,k)=noD_node(1,k);
                  end
                  math_3;
%子程序——第三公式 3 返回临时变量矩阵 nols01_node   nols02_node
                  for k=1:num_10
node_all3_AB1(n-1,m-1,k)=nols01_node(1,k);
%将公式 3 返回的变量赋值给总节点的附属部分 m+1 表示此次为 B 点的折射点
node_all3_AB2(n-1,m-1,k)=node_all3_AB1(n-1,m-1,k);
%与其他不同之处 2 点=1 点
                  end
                  %找 B 点的折射点 B2
                  '找 B 点的折射点 B2';
                  no3i_node=0;   %先归零
                  no3D_node=0;
                  for k=1:num_10
```

```
                    no3i_node(1,k)=noB_node(1,k);
%赋值到公式 3 里用到的临时点
                    no3D_node(1,k)=noD_node(1,k);
                end
            math_3;
%子程序——第三公式 3 返回临时变量矩阵 nols01_node  nols02_node
                for k=1:num_10
                    node_all3_AB1(n,m,k)=nols01_node(1,k);
%将公式 3 返回的变量赋值给总节点的附属部分 m+1 表示此次为 B 点的折射点
                    node_all3_AB2(n,m,k)=nols02_node(1,k);
                end
                %由刚找到的 A2 和 B2 计算新的 D1
                '由刚找到的 A2 和 B2 计算新的 D1';
                noA0_node=0;    %第二公式初始用到的两点
                noB0_node=0;
                tem14=0;
                for k=1:num_10
noA0_node(1,k)=node_all3_AB2(n-1,m-1,k);
%第二公式初始用到的两点为计算 D 点将 A\B 赋给 A0\B0
noB0_node(1,k)=node_all3_AB2(n,m,k);
                end
                noD1_node=0;    %先归零
                nols_node=0;
                node_ls=0;
                math_JX;
%子程序——极限公式计算 D 点返回临时变量矩阵 nols_node
                %noD1_node(1,4)=noD_node(1,4);
%与公式 2 不同,用 D 点的参数计算得到
                noD1_node(1,1)=nols_node(1,1);
                noD1_node(1,2)=nols_node(1,2);
                noD1_node(1,3)=nols_node(1,3);
                node_ls(1,1)=noD1_node(1,1);
                node_ls(1,2)=noD1_node(1,2);
                no_node;
%子程序——判断某材料所在区域返回 node_ls 的第三列区域号
                noD1_node(1,10)=node_ls(1,3);
                if(node_ls(1,3)==0)        %break
                    NN_num=n
```

```
                    YN_Dof=1
                    break
                end
                 %noD1_node
             %tem14=noD1_node(1,10)    %D1 的材料区域号
                for k=5:9
noD1_node(1,k)=cailiao1_Crfai(noD1_node(1,10),k-4);
                end
noD1_node(1,4)=noD1_node(1,7)
cot(noD1_node(1,6))/(1-sin(noD1_node(1,6)));
%与公式 2 不同,

                    for k=1:num_10
                    node_all_0(n,m-1,k)=noD1_node(1,k);   %总点阵
                    end


            if(tem14==tem13)            %如果 D 与 D1 同材料
                %    for k=5:9
                %    noD1_node(1,k)=noD_node(1,k);
                %    end
                %    for k=1:num_10
                %    node_all_0(n,m-1,k)=noD1_node(1,k);
                %    总点阵
                %    end
                else
                %以下为输出内容 D 与 D1 材料区域不同
                    'D D1 材料区域不同 M==2';
                %    tem13
                %    tem14
                %    '行列 A B A2 B2 D D1'
                end
            end
%如果 A 与 D 同材料
     tem11~=tem12  tem11~=tem13   end%m==2 极限公式计算边缘
        if(m~=2)
%计算第二区域的点 m~=2
%'m~=2';
                tem11=0;
                tem12=0;
```

```
            tem13=0;
            tem14=0;
            %先利用 AB 计算 D 点
            noA_node=0;    %先归零
            noB_node=0;
            noA0_node=0;     %第二公式初始用到的两点
            noB0_node=0;
            for k=1:num_10
         noA_node(1,k)=node_all_0(n-1,m-2,k);          %总点阵
               noB_node(1,k)=node_all_0(n,m,k);          %总点阵
                  noA0_node(1,k)=noA_node(1,k);
            %第二公式初始用到的两点为计算 D 点将 A\B 赋给 A0\B0
                  noB0_node(1,k)=noB_node(1,k);
            end
            noD_node=0;    %先归零
            nols_node=0;
            node_ls=0;
math_2; %子程序——第二公式 2 计算 D 点返回临时变量矩阵 nols_node
            noD_node(1,4)=nols_node(1,4);
            noD_node(1,1)=nols_node(1,1);
            noD_node(1,2)=nols_node(1,2);
            noD_node(1,3)=nols_node(1,3);
            node_ls(1,1)=noD_node(1,1);
            node_ls(1,2)=noD_node(1,2);
            noD_node;
            no_node; %子程序——判断某材料所在区域 node_ls 的第三列区域号
            noD_node(1,10)=node_ls(1,3);
            if(node_ls(1,3)==0)          %break
                NN_num=n
                YN_Dof=1
                break
            end
            for k=5:9
                noD_node(1,k)=cailiao1_Crfai(noD_node(1,10),k-4);
            end
            %判断 A B D 的材料区域 进行分析找到真正的 D 或 D1 点
            tem11=noA_node(1,10); %提取 ABD 三点的材料号
            tem12=noB_node(1,10);
```

```
tem13=noD_node(1,10);
%如果A与B同材料 tem11==tem12
if(tem11==tem12)
        if(tem11==tem13)
```
%如果A与D同材料
tem11==tem13
```
            for k=1:num_10
            node_all_0(n,m-1,k)=noD_node(1,k);    %总点阵
            end
        end
    end    %if(tem11==tem12)
```
%如果A与B不同材料　　　　　　　　　　　　　　　　　　　　　tem11～=tem12
```
        if(tem11～=tem12)
```
if(tem11==tem13)
%如果A与D同材料　tem11～=tem12　tem11==tem1　'tem11～=tem12　tem11==tem13';
```
        %找B点的折射点B2 '找B点的折射点B2';
        no3i_node=0;    %先归零
        no3D_node=0;
        for k=1:num_10
            no3i_node(1,k)=noB_node(1,k);
```
%赋值到 公式3里用到的临时点
```
            no3D_node(1,k)=noD_node(1,k);
        end
        math_3;
```
%子程序——第三公式3返回临时变量矩阵 nols01_node nols02_node
```
        for k=1:num_10
        node_all2_B1(n,m,k)=nols01_node(1,k);
```
%将公式3返回的变量赋值给总节点的附属部分 m+1表示此次为B点的折射点
```
        node_all2_B2(n,m,k)=nols02_node(1,k);
        end
        %由刚找到的A和B2计算新的D1
        '由刚找到的A和B2计算新的D1';
        noA0_node=0;    %第二公式初始用到的两点
        noB0_node=0;
        tem14=0;
        for k=1:num_10
        noA0_node(1,k)=noA_node(1,k);
```
%第二公式初始用到的两点为计算D点将A\B赋给A0\B0

```
                noB0_node(1,k)=node_all2_B2(n,m,k);
            end
            %noA0_node
            %noB0_node
            noD1_node=0;      %先归零
            nols_node=0;
            node_ls=0;
            math_2;
%子程序——第二公式 2 计算 D 点返回临时变量矩阵 nols_node
            noD1_node(1,4)=nols_node(1,4);
            noD1_node(1,1)=nols_node(1,1);
            noD1_node(1,2)=nols_node(1,2);
            noD1_node(1,3)=nols_node(1,3);
            node_ls(1,1)=noD1_node(1,1);
            node_ls(1,2)=noD1_node(1,2);
             no_node;
    %子程序——判断某材料所在区域 node_ls 的第三列区域号
            noD1_node(1,10)=node_ls(1,3);
            %noD_node
            %noD1_node
            if(node_ls(1,3)==0)          %break
                NN_num=n
                plot_DD1
                'node_ls(1,3)==0'
                YN_Dof=1
              break
            end
             tem14=noD1_node(1,10);    %D1 的材料区域号
             if(tem14==tem13)          %如果 D 与 D1 同材料
                for k=5:9
                noD1_node(1,k)=noD_node(1,k);
                end
                for k=1:num_10
node_all_0(n,m-1,k)=noD1_node(1,k);    %总点阵
                end
             else
                YN_DD1=1;
                plot_DD1;%子程序——D 与 D1 材料区域不同时绘图
```

```
                    YN_DD1=0;
                    %以下为输出内容 D 与 D1 材料区域不同
                    'D D1 材料区域不同 tem11==tem13'
            end
        end
    %如果 A 与 D 同材料    tem11～=tem12  tem11==tem13
        if(tem12==tem13)
    %如果 B 与 D 同材料 tem11～=tem12  tem12==tem13
                'tem11～=tem12 tem12==tem13';
                %找 A 点的折射点 A2
                '找 A 点的折射点 A2';
                no3i_node=0;    %先归零
                no3D_node=0;
                for k=1:num_10
                    no3i_node(1,k)=noA_node(1,k);
                        %赋值到公式 3 里用到的临时点
                    no3D_node(1,k)=noD_node(1,k);
                end
                math_3;
        %子程序——第三公式 3 返回临时变量矩阵 nols01_node  nols02_node
                for k=1:num_10
                    node_all2_A1(n-1,m-2,k)=nols01_node(1,k);
%将公式 3 返回的变量赋值给总节点的附属部分 m 表示此次为 A 点的折射点
                node_all2_A2(n-1,m-2,k)=nols02_node(1,k);
                end
                %由刚找到的 A2 和 B 计算新的 D1
                '由刚找到的 A2 和 B 计算新的 D1';
                noA0_node=0;    %第二公式初始用到的两点
                noB0_node=0;
                tem14=0;
                for k=1:num_10
                    noA0_node(1,k)=node_all2_A2(n-1,m-2,k);
                    noB0_node(1,k)=noB_node(1,k);
                end
                noD1_node=0;    %先归零
                nols_node=0;
                node_ls=0;
                math_2;
```

%子程序——第二公式 2 计算 D 点返回临时变量矩阵 nols_node

```
                noD1_node(1,1)=nols_node(1,1);
                noD1_node(1,2)=nols_node(1,2);
                noD1_node(1,3)=nols_node(1,3);
                noD1_node(1,4)=nols_node(1,4);
                node_ls(1,1)=noD1_node(1,1);
                node_ls(1,2)=noD1_node(1,2);
                no_node;
```

%子程序——判断某材料所在区域返回 node_ls 的第三列区域号

```
                noD1_node(1,10)=node_ls(1,3);
                if(node_ls(1,3)==0)          %break
                    NN_num=n
                    YN_Dof=1
                    break
                end
             tem14=noD1_node(1,10);    %D1 的材料区域号
        if(tem14==tem13)       %如果 D 与 D1 同材料
                 for k=5:9
                 noD1_node(1,k)=noD_node(1,k);
                 end
                 for k=1:num_10
             node_all_0(n,m-1,k)=noD1_node(1,k);    %总点阵
                 end
             else
                 YN_DD1=1;
                 plot_DD1;%子程序
                 YN_DD1=0;
             %以下为输出内容 担心 D 与 D1 材料区域不同
                 'D D1 材料区域不同   tem12==tem13'
                 end
            end
        %如果 A 与 D 同材料   tem11～=tem12   tem12==tem13
        end
        %if(tem11～=tem12)
             %如果 A 与 D 不同 B 与 D 不同,不管 AB 是否相同
                     tem11～=tem12
        if((tem11～=tem13)&&(tem12～=tem13))
%只要 A 与 D 不同 B 与 D 不同,不管 AB 是否相同材料   tem11～=tem12   tem11～=tem13
```

```
tem12~=tem13
                    '(tem11~=tem13)&&(tem12~=tem13)';
                    %if(tem11~=tem13)
                              %如果A与D不同材料
                                    tem11~=tem13
                %找A点的折射点A2
                '找A点的折射点A2';
                no3i_node=0;    %先归零
                no3D_node=0;
                for k=1:num_10
        no3i_node(1,k)=noA_node(1,k);
                        %赋值到公式3里用到的临时点
                    no3D_node(1,k)=noD_node(1,k);
                end
            math_3;
        %子程序——第三公式3返回临时变量矩阵nols01_node   nols02_node
                for k=1:num_10
                    node_all2_A1(n-1,m-2,k)=nols01_node(1,k);
%将公式3返回的变量赋值给总节点的附属部分m表示此次为A点的折射点
node_all2_A2(n-1,m-2,k)=nols02_node(1,k);
                end
                %找B点的折射点B2
                '找B点的折射点B2';
                no3i_node=0;    %先归零
                no3D_node=0;
                for k=1:num_10
                    no3i_node(1,k)=noB_node(1,k);
%赋值到公式3里用到的临时点
                    no3D_node(1,k)=noD_node(1,k);
                end
                math_3;
%子程序——第三公式3返回临时变量矩阵nols01_node   nols02_node
                for k=1:num_10
                    node_all2_B1(n,m,k)=nols01_node(1,k);
%将公式3返回的变量赋值给总节点的附属部分m+1表示此次为B点的折射点
                    node_all2_B2(n,m,k)=nols02_node(1,k);
                end
                %由刚找到的A2和B2计算新的D1
```

```
                    '由刚找到的 A2 和 B2 计算新的 D1';
                    noA0_node=0;    %第二公式初始用到的两点
                    noB0_node=0;
                    tem14=0;
                    for k=1:num_10
noA0_node(1,k)=node_all2_A2(n-1,m-2,k);
%第二公式 初始用到的两点为计算 D 点将 A\B 赋给 A0\B0
                    noB0_node(1,k)=node_all2_B2(n,m,k);
                    end
                    noD1_node=0;    %先归零
                    nols_node=0;
                    node_ls=0;
                    math_2;
            %子程序——第二公式 2 计算 D 点返回临时变量矩阵 nols_node
                    noD1_node(1,1)=nols_node(1,1);
                    noD1_node(1,2)=nols_node(1,2);
                    noD1_node(1,3)=nols_node(1,3);
                    noD1_node(1,4)=nols_node(1,4);
                    node_ls(1,1)=noD1_node(1,1);
                    node_ls(1,2)=noD1_node(1,2);
                    no_node;
            %子程序——判断某材料所在区域返回 node_ls 的第三列区域号
                    noD1_node(1,10)=node_ls(1,3);
                    if(node_ls(1,3)==0)        %break
                        NN_num=n
                        YN_Dof=1
                        break
                    end
                    tem14=noD1_node(1,10);    %D1 的材料区域号
                    if(tem14==tem13)           %如果 D 与 D1 同材料
                        for k=5:9
                        noD1_node(1,k)=noD_node(1,k);
                        end
                        for k=1:num_10
                        node_all_0(n,m-1,k)=noD1_node(1,k);    %总点阵
                        end
                    else
                        %以下为输出内容 D 与 D1 材料区域不同
```

```
                              YN_DD1=1;
                              plot_DD1;%子程序
                              YN_DD1=0;
                              'D D1 材料区域不同'
                      end
              end
%如果 A 与 B 与 D 互为不同材料
              tem11~=tem12   tem11~=tem13   tem12~=tem13
          if(YN_Dof==1)       %break
                      break
              end
      end%m~=2 计算第二区域
          %if(n==4&&m==4)
          %break
          %end
      end  %  m
end % n


end %rr
%输出域
 %write1                    %子程序——输出
 %write2                    %子程序——输出单独运行
node_all_A2(:,:,1);
node_all_B2(:,:,1);
cailiao;
```

function math_2　　%计算非均质特征线差分方程组(第二公式)
第二公式 2 计算 D 点返回临时变量矩阵 nols_nod "被主程序 main01 调用""无子程序"

```
%global noA_node noB_node noD_node noA1_node noB1_node noA2_node noB2_node
noD1_node nols_node
%global noA0_node noB0_node %第二公式初始用到的两点
global noA_node noB_node noD_node   noD1_node nols_node
   %noA1_node noB1_node noA2_node noB2_node
global noA0_node noB0_node
'math2';
 %noA0_node(:,1)
 %noA0_node(:,2)
 %noB0_node(:,1)
 %noB0_node(:,2)
```

```
nols_node=0;
tem01=0;
tem02=0;
tem03=0;
tem04=0;
tem05=0;
tem06=0;
tem07=0;
tem08=0;
tem09=0;
xx=0;
yy=0;
sit=0;
stress=0;
tem02=tan(noB0_node(1,3)+noB0_node(1,9));
tem01=tan(noA0_node(1,3)-noA0_node(1,9));
%ABS=noB0_node(1,3)
%ABD=noB0_node(1,9)
%AAS=noA0_node(1,3)
%AAD=noA0_node(1,9)
%noA0_node
%noB0_node
xx=(noA0_node(1,1)tem01-noB0_node(1,1)tem02-(noA0_node(1,2)-noB0_node(1,
2)))/(tem01-tem02);
yy=(xx-noA0_node(1,1))tem01+noA0_node(1,2);
yyi1=(xx-noB0_node(1,1))tem02+noB0_node(1,2);
tem03=noB0_node(1,4)-noA0_node(1,4);
tem04=noB0_node(1,4)noB0_node(1,3)tan(noB0_node(1,6))+noA0_node(1,4)noA0_
node(1,3)
  tan(noA0_node(1,6));
tem05=noB0_node(1,5)(yy-noB0_node(1,2))-noA0_node(1,5)(yy-noA0_node(1,
2));
tem06=noB0_node(1,5)(xx-noB0_node(1,1))tan(noB0_node(1,6))+noA0_node(1,5)
(xx-noA0_node(1,1))tan(noA0_node(1,6));
tem07=(noB0_node(1,4)tan(noB0_node(1,6))+noA0_node(1,4)tan(noA0_node(1,
6)));
sit=(tem03+2tem04+tem05+tem06)/(2tem07);
tem08=noA0_node(1,4)+2noA0_node(1,4)(sit-noA0_node(1,3))tan(noA0_node(1,
```

```
6));
tem09=noA0_node(1,5)((yy-noA0_node(1,2))-(xx-noA0_node(1,1))tan(noA0_node
(1,6)));
stress=tem08+tem09;
stress1=noB0_node(1,4)-2noB0_node(1,4)(sit-noB0_node(1,3))tan(noB0_node
(1,6))+noB0_node(1,5)((yy-noB0_node(1,2))+(xx-noB0_node(1,1))tan(noB0_
node(1,6)));
nols_node(1,1)=xx;
nols_node(1,2)=yy;
nols_node(1,3)=sit;
nols_node(1,4)=stress;
function math_3      %计算折射条件与公式(第三公式"被主程序 main01 调用")
```

计算两个不同材料域内的折射点信息 即 A1A2 或 B1B2 返回临时变量矩阵 nols01_node(存放 A1 或 B1)nols02_node(存放 A2 或 B2)

```
%输入参数有 no3i_node no3D_node(两个不同材料域内点);
%含有三个子程序:"归零 gui0";
```

"hanshu_make_kb 计算 k b""f.m"

```
global cailiao   num_CL_dian num_CL
global noA_node noB_node noD_node noA1_node noB1_node noA2_node noB2_node noD1
_node nols_node
global xxx1 xxx2 yyy1 yyy2 kkk0 bbb0
global no3i_node no3D_node   %含有 10 参数临时(x,y,sit,stress,r,fai,C,E,mui,
no. 即材料号)
global kkk1 bbb1
```

%计算交点时两直线函数相减得到的新函数的 x 系数

```
global nols01_node nols02_node      %nols01_node 为临时存储 A1 或 B1 点;
```

nols02_node 为临时存储 A2 或 B2 点

```
global math3_kk math3_sit_12    %math3_kk 为公式 3 里计算 sit_k 时的里面'k'参数的
```

取值;math3_sit_12 为计算 sit_k 时选用哪个公式(=1 选被动情况;=2 选主动情况),在主程序初始赋值

```
nols01_node=0;%归零
nols02_node=0;
'math3';
%归零
    bb5=0;
    bb6=0;
        temnum0=0;
        xx01=0;
```

```
        yy01=0;
        xx02=0;
        yy02=0;
        xx02=0;
        yy02=0;
        juzh01=0;%id1
        juzh02=0; %id2
        juzh03=0; %12i
        juzh04=0; %12d
        ddet01=0;
        ddet02=0;
        ddet03=0;
        ddet04=0;
        tem01ddet=0;
        tem02ddet=0;
        temnumLine=0;
        kkk1=0;
        bbb1=0;
        xx03=0;%A1 或 A2 或 B1 或 B2 点的 x 坐标
        yy03=0;%A1 或 A2 或 B1 或 B2 点的 x 坐标
    sit_j=0;
    stress_j=0;
        tembb1=0;
        afa_k=0;
        tem01=0;
        LL1_k=0;
        LL2_k=0;
        LL3_k=0;
        LL4_k=0;
        sinw_k=0;
        cosw_k=0;
        ww_k=0;
        sit_k=0;
        stress_k=0;
%计算直线函数 f3 的 b5 和 b6(即 A(或 B)与 D 点连线)
    gui0;    %子程序——归零
    %no3i_node
    %no3D_node
```

```
xxx1=no3i_node(1,1);
xxx2=no3D_node(1,1);
yyy1=no3i_node(1,2);
yyy2=no3D_node(1,2);
hanshu_make_kb;        %子程序——计算 k b
bb5=kkk0;
bb6=bbb0;
```
%计算寻找与直线函数 f3 的边界交线
```
    temnum=no3i_node(1,10);   %i 点的材料号
    for j=1:num_CL_dian
        %j
        xx01=cailiao(1,j,temnum);
        yy01=cailiao(2,j,temnum);
        if(j~=num_CL_dian)
        xx02=cailiao(1,j+1,temnum);
        yy02=cailiao(2,j+1,temnum);
        end
        if(j==num_CL_dian)
        xx02=cailiao(1,1,temnum);
        yy02=cailiao(2,1,temnum);
        end
        juzh01=[xxx1 yyy1 1;xxx2 yyy2 1;xx01 yy01 1];%id1
        juzh02=[xxx1 yyy1 1;xxx2 yyy2 1;xx02 yy02 1];%id2
        juzh03=[xx01 yy01 1;xx02 yy02 1;xxx1 yyy1 1];%12i
        juzh04=[xx01 yy01 1;xx02 yy02 1;xxx2 yyy2 1];%12d
        ddet01=det(juzh01);
        ddet02=det(juzh02);
        ddet03=det(juzh03);
        ddet04=det(juzh04);
        tem01ddet=ddet01  ddet02;
        tem02ddet=ddet03  ddet04;
        if((tem01ddet<0)&&(tem02ddet<0))
            temnumLine=j;
    kkk1=cailiao(4,j,temnum)-bb5;%计算交点时两直线函数相减得到的新函数的 x
系数
    bbb1=cailiao(5,j,temnum)-bb6;%计算交点时两直线函数相减得到的新函数的常
数 xx03=fzero( f,[no3i_node(1,1) no3D_node(1,1)]);
%A1 或 A2 或 B1 或 B2 点的 x 坐标子程序——f.m
```

```
        %yy03=kkk1 xx03+bbb1;%A1 或 A2 或 B1 或 B2 点的 x 坐标无用
        yy03=bb5 xx03+bb6;%A1 或 A2 或 B1 或 B2 点的 x 坐标
        break
      end
    end
%将 xx03,yy03 坐标赋值给 A1 或 A2 或 B1 或 B2 点
  nols01_node(1,1)=xx03; %计算 A1 或 B1
  nols02_node(1,1)=xx03; %计算 A2 或 B2 点
  nols01_node(1,2)=yy03; %计算 A1 或 B1
  nols02_node(1,2)=yy03; %计算 A2 或 B2 点
%xx03
%yy03
%计算 A1 或 B1 点 的其他参数(5-10 列)并赋值 A2 或 B2 点的其他参数(5-10 列)
sit_j=(nols01_node(1,2)-no3i_node(1,2))  (no3D_node(1,3)-no3i_node(1,3))/
(no3D_node(1,2)-no3i_node(1,2))+no3i_node(1,3);
stress_j=(nols01_node(1,2)-no3i_node(1,2))  (no3D_node(1,4)-no3i_node(1,
4))/(no3D_node(1,2)-no3i_node(1,2))+no3i_node(1,4);
  nols01_node(1,3)=sit_j; %
  nols01_node(1,4)=stress_j; %
  for i=5:10
      nols01_node(1,i)=no3i_node(1,i);    %A1 或 B1 点的其他参数
      nols02_node(1,i)=no3D_node(1,i);    %A2 或 B2 点的其他参数
  end
if(abs(sit_j-pi/2)<=0.00001)
    sit_k=pi/2;
stress_k=((nols02_node(1,7) cot(nols02_node(1,6))-nols01_node(1,7) cot
(nols01_node(1,6)))+stress_j(1+sin(nols01_node(1,6))))/(1+sin(nols02_node
(1,6)));
    nols02_node(1,3)=sit_k;    %赋值
    nols02_node(1,4)=stress_k;    %赋值
end
if(abs(sit_j-pi/2)> 0.00001)
    %计算 A2 或 B2 点 的其他参数(sit_k,stress_k)
    tembb1=cailiao(4,temnumLine,temnum);
    if(tembb1> =0)
        afa_k=atan(tembb1);%得到弧度
    else if(tembb1<0)
        afa_k=-atan(abs(tembb1));%得到弧度
```

```
    end
    tem01=sin(nols01_node(1,6))sin(2(nols01_node(1,3)-afa_k));
LL1_k=(nols02_node(1,7)cot(nols02_node(1,6))-nols01_node(1,7)cot(nols01_
node(1,6)))/(nols01_node(1,4)tem01);
    LL2_k=sin(nols02_node(1,6));
    LL3_k=(1-sin(nols01_node(1,6))cos(2(nols01_node(1,3)-afa_k)))/
(tem01);
    LL4_k=LL2_k sqrt((LL1_k+LL3_k)^2+1);
    sinw_k=LL2_k/LL4_k;
    cosw_k=LL2_k(LL1_k+LL3_k)/LL4_k;
    if(sinw_k>0)
        if(cosw_k>0)
            ww_k=atan(1/(LL1_k+LL3_k));    %参数oumige角单位弧度
        end
        if(cosw_k<0)
            ww_k=pi-abs(atan(1/(LL1_k+LL3_k)));
        end
    else
        sinw_k  'sinw_k小于或等于零'
    end
    if(math3_sit_12==1)
        sit_k=((asin(1/LL4_k)-ww_k)/2)+afa_k+math3_kk pi;
%math3_sit_12为计算sit_k时选用哪个公式(=1选被动情况;=2选主动情况),在主程序初
始赋值
    Else if(math3_sit_12==2)
        sit_k=((pi-asin(1/LL4_k)-ww_k)/2)+afa_k+math3_kk pi;    %=2选主动
情况
    end
    nols02_node(1,3)=sit_k;    %赋值
stress_k=(nols01_node(1,4)  tem01)/(LL2_k  sin(2  (nols02_node(1,3)-afa_
k)));
    nols02_node(1,4)=stress_k;    %赋值
end
```

附录 C 因素敏感性分析程序(均质边坡)

```
%SCM 容重敏感性分析
r =18:1:22;
y= [0. 6256, 0. 5459, 0. 4558, 0. 3515, - 0. 0561; 0. 6079, 0. 5245, 0. 4302, 0. 3209, - 0. 0974;
0. 5907, 0. 5036, 0. 4051, 0, - 0. 1434; 0. 5738, 0. 4831, 0. 3805, - 0. 0001, - 0. 1926; 0. 5572,
0. 4630, 0. 3565, - 0. 0296, - 0. 2433] grid;
plot(r, y);
xlabel('γ(kN/m^3)'); ylabel('DOS/DOF');
%axis equal;
ylim([-1, 1]);
grid;


%SCM 黏聚力敏感性分析
c=15:5:45;
y= [0, - 0. 4648, - 0. 6441, - 0. 7252, - 0. 7705; 0. 2897, - 0. 1170, - 0. 4598, - 0. 6294, -
0. 7148; 0. 3888, 0. 2587, - 0. 2004, - 0. 4724, - 0. 6293; 0. 4650, 0. 3511, - 0. 0051, - 0. 2706,
- 0. 5021; 0. 5252, 0. 4241, 0. 3099, - 0. 1014, - 0. 3425; 0. 5738, 0. 4831, 0. 3805, - 0. 0001,
- 0. 1926; 0. 6138, 0. 5316, 0. 4387, 0. 3310, - 0. 0830];
plot(c, y)
xlabel('c(kPa)'); ylabel('DOS/DOF');
ylim([-1, 1]);
grid;


%SCM 摩擦角敏感性分析
Phi=10:2:18;
y= [0. 3326, - 0. 1236, - 0. 3240, - 0. 4963, - 0. 6117; 0. 4208, 0, - 0. 1663, - 0. 3956,
- 0. 5492; 0. 4819, 0. 3716, 0, - 0. 2665, - 0. 4722; 0. 5316, 0. 4319, 0. 3192, - 0. 0999,
- 0. 3757; 0. 5748, 0. 4843, 0. 3820, 0. 2635, - 0. 2526];
plot(Phi, y)
xlabel('φ(°)'); ylabel('DOS/DOF');
ylim([-1, 1]);
grid;


%SCM 坡高感性分析
```

```
H=16:2:24;
y=[0.6313,0.5529,0.4642,0.3614,0;0.6055,0.5215,0.4266,0.3166,-0.0931;0.5805,
0.4913,0.3904,0,-0.1838;0.5546,0.4598,0.3527,-0.0249,-0.2580;0.5262,0.4254,
0.3114,-0.1062,-0.3198];
plot(H,y)
xlabel('H(m)'); ylabel('DOS/DOF');
ylim([-1,1]);
grid;
```

```
%CCM 容重敏感性分析
r=18:1:22;
y=[0.5976,0.5155,-0.0134,-0.1133,-0.2174;0.5684,0.4788,-0.0552,-0.1548,
-0.2568;0.539,0.4404,-0.0939,-0.193,-0.2927;0.5091,-0.028,-0.1299,-0.2284,
-0.3257;0.4788,-0.0609,-0.1636,-0.2612,-0.3562];
plot(r,y);
xlabel('γ(kN/m^3)'); ylabel('DOS/DOF');
ylim([-1,1]);
grid;;
```

```
%CCM 黏聚力敏感性分析
c=15:5:45;
y=[-0.5358,-0.6316,-0.6921,-0.7359,-0.7706;-0.3649,-0.4852,-0.5677,
-0.6307,-0.6821;-0.2188,-0.3476,-0.444,-0.5227,-0.59;-0.0994,-0.2268,
-0.3293,-0.4184,-0.4988;-0.00004,-0.1215,-0.2251,-0.3204,-0.4106;0.5091,
-0.028,-0.1299,-0.2284,-0.3257;0.5782,0.4912,-0.0416,-0.1414,-0.2441];
plot(c,y)
xlabel('c(kPa)'); ylabel('DOS/DOF');
ylim([-1,1]);
grid;
```

```
%CCM 摩擦角敏感性分析
Phi=10:2:18;
y=[-0.3106,-0.3779,-0.4383,-0.4955,-0.5503;-0.1985,-0.278,-0.3514,-0.421,
-0.4878;-0.0739,-0.1694,-0.255,-0.337,-0.4168;0.4949,-0.0535,-0.1497,
-0.2435,-0.3366;0.5762,0.489,-0.0359,-0.1401,-0.2462];
plot(Phi,y)
xlabel('φ(°)'); ylabel('DOS/DOF');
ylim([-1,1]);
```

```
grid;


%   CCM 坡高敏感性分析
H=16:2:24;
y= [0.6554, 0.586, 0.5059, - 0.0181, - 0.1264; 0.5976, 0.5155, - 0.0134, - 0.1133,
- 0.2174; 0.539, 0.4044, - 0.094, - 0.193, - 0.293; 0.4788, - 0.0609, - 0.1636, - 0.2612,
- 0.3562; - 0.00004, - 0.1215, - 0.2251, - 0.3204, - 0.4106];
plot(H,y)
xlabel('H(m)'); ylabel('DOS/DOF');
ylim([-1,1]);
grid;
```